普通高等院校计算机类专业规划教材·精品系列

计算机网络基础实验

蔡京玫　沈军彩　编著

中国铁道出版社有限公司
CHINA RAILWAY PUBLISHING HOUSE CO., LTD.

内 容 简 介

本书根据应用型本科人才培养的特点，结合社会对高层次应用型技术人才在计算机网络理论知识和应用能力两方面的要求编写而成。书中合理编排了知识要点、实验内容、操作步骤和思考题等，是作者多年从事网络课程教学和实践工作的心得之作。

全书共分 9 章，内容包括计算机网络概述、数据通信基础、OSI 参考模型体系、局域网、网络操作系统、网络互联与设备、TCP/IP 协议、Internet 技术与应用、网络安全技术。全书结构清晰，叙述流畅，逻辑性强，理论和实际结合紧密，便于教师教学和学生自学。选编的实验项目典型，对实践环境无特殊要求，项目可操作性强，涉及的教学资源均可在网上免费下载。

本书适合作为普通高等院校应用型本科计算机专业以及相关专业网络基础课程的配套实验教材，也可作为高职高专计算机专业以及相关专业网络基础课程的教材。

图书在版编目（CIP）数据

计算机网络基础实验/蔡京玫，沈军彩编著.—2 版.—北京：
中国铁道出版社有限公司，2020.4
普通高等院校计算机类专业规划教材. 精品系列
ISBN 978-7-113-26705-6

Ⅰ.①计… Ⅱ.①蔡… ②宋… Ⅲ.①计算机网络-实验-
高等学校-教学参考资料 Ⅳ.①TP393-33

中国版本图书馆 CIP 数据核字(2020)第 037300 号

书　　名：计算机网络基础实验
作　　者：蔡京玫　沈军彩

策　　划：周海燕　　　　　　　　　　编辑部电话：010-63589185 转 2019
责任编辑：周海燕　刘丽丽　彭立辉
封面设计：穆　丽
封面制作：刘　颖
责任校对：张玉华
责任印制：樊启鹏

出版发行：中国铁道出版社有限公司（100054，北京市西城区右安门西街 8 号）
网　　址：http://www.tdpress.com/51eds/
印　　刷：三河市荣展印务有限公司
版　　次：2008 年 9 月第 1 版　2020 年 4 月第 2 版　2020 年 4 月第 1 次印刷
开　　本：787 mm×1 092 mm 1/16　印张：10.75　字数：234 千
书　　号：ISBN 978-7-113-26705-6
定　　价：29.80 元

本书是与《计算机网络基础》(第二版)(蔡京玫、宋文官主编,中国铁道出版社有限公司出版)配套的实验教材。计算机网络课程与一般课程不同,其理论性和实践性都很强,需要通过网络实践来加深学生对教学内容的理解,培养学生分析、动手操作和解决问题的能力。但网络实验涉及面较广且对实验环境的配置要求不统一,为此作者总结了第一版配套实验教材使用过程中发现的问题,重新编排和修订了本书的实验内容。针对当前网络技术发展和学习者的网络知识背景,删减了第一版中的部分实验(1.3、2.3、4.2、5.5、7.1、9.3 和第 10 章),增加了全新的实验(1.3、4.3、4.4)。同时,对教材中所有实验内容进行了全面修正和更新,删除了涉及过时硬件技术和实验软件相关的内容,重新设计了合理的实验任务和操作步骤,使得所有实验的设置更加合理,针对性和可操作性更强。

本书在目录结构上依然和主教材相匹配。全书分为 9 章,共含 32 个实验,针对主教材各章节所涉及内容的特点进行实验设计。书中实验分为验证型和技能训练型两大类:验证型实验侧重于巩固基本认知,通过实验操作过程帮助学生更具体地理解基本概念、某项工作原理或某项技术规则;技能训练型实验侧重于在整体和深度方面提高认知,学习技术规则的综合应用,提高分析问题和解决问题的能力。

本书的实验包括:第 1 章的 3 个验证型实验,帮助学生感知什么是网络,了解网络的基本应用,了解 Cisco Packet Tracer 软件实验平台的使用和基本功能;第 2 章的2 个技能训练型实验,在学习网线制作技能的过程中,加深对传输介质的特性和物理层技术规范的理解。第 3 章的 3 个验证型实验,加深对网络的分层体系结构的理解,熟悉 Wireshark 协议分析软件的使用;第 4 章的 1 个验证型和 3 个技能型实验,要求在模拟环境中创建以太局域网、VLAN 和无线局域网,捕获并分析以太网数据帧,加深对局域网概念、原理、技术和应用的综合理解;第 5 章的 4 个技能型实验,帮助学生了解 Linux 和 Windows 网络操作系统中的网络账户和文件系统的概念与管理方法;第 6 章的 1 个验证型和 3 个技能训练型实验,可用于加深对网卡、交换机和路由器的特性、功能的理解,并学会基本的配置和应用;第 7 章的 2 个验证型和 2 个技能训练型实验,用于促进学生对 TCP/IP 协议栈的理解,熟悉 IP 子网规划和 TCP/IP 命令的作用；第 8 章的 5 个技能训练型实验，可用于深入理解因特网接入，以及 DHCP、DNS、HTTP 和 FTP 服务器的概念、配置和工作原理；第 9 章的 3 个技能训练型实验，用于促进学生对网络安全概念和安全技术的理解和应用。

书中每个实验的结构依然由实验目的、知识要点、实验任务、实验环境、实验课时和类型、实验内容、实验思考题 7 部分组成。其中，基于实验目的列出对应的实验任务，教师可以根据教学需要、课时和学生水平等情况做出选择；知识要点简明扼要地概述与本实验内容相关的知识点，起温故知新的作用；实验内容按照实验任务展开，划分为若干步骤，每个步骤划分为若干操作方法，清晰易懂，在重要的操作前后，还加入表格式的问题思考，引导学生在做中学、学中做。实验思考题要求学生在课后回顾实验内容，达到对概念和原理的扩展掌握。本书实验项目涉及的共享软件资源的下载地址参见附录 B。

在本书的修订过程中，得到了上海商学院信息与计算机学院计算机系老师和学生的大力支持，在此表示感谢。同时，参阅并借鉴了国内外优秀教材和网络资料，在此谨向原作者表示真挚的谢意。

由于网络技术不断发展，编者水平有限，书中疏漏与不妥之处在所难免，敬请读者朋友批评指正。

编　者

2019 年 11 月

目　录

第 1 章

计算机网络概述 <<<

实验 1.1 计算机网络的基本应用

一、实验目的

学习配置和使用电子邮件客户端软件，使用浏览器检索因特网上的信息资源，下载或上传 FTP 文件，加深了解计算机网络的应用。

二、知识要点

计算机网络的应用形式很多，例如，信息检索、电子邮件、IP 电话、视频点播、电子商务、办公自动化、娱乐社交等。

1. 信息检索

计算机网络使得信息检索变得更加高效和快捷，通过搜索引擎，可以方便地从网络上查阅并下载所需的信息和资料。

2. 电子邮件和 IP 电话

电子邮件已经成为人们常用的一种快捷、廉价的通信手段。人们可以在几秒或几十秒内把信息发送给对方或者从对方接收信息。IP 电话基于因特网进行语音通信，可节省长途通信费用。

3. 办公自动化

将一个企业或机关的办公计算机及其办公设备连成网络，共享办公设备和资源，节约购买设备的成本，避免重复性的数据处理和统计工作。一些企业还通过互联网技术，在因特网中建立可信的安全连接和远程办公软件，实现员工远程办公、部门和协作伙伴之间安全、高效地传输数据。

4. 电子商务与电子政务

计算机网络推动了电子商务与电子政务的发展。企业与企业之间、企业与个人之间通过网络实现贸易、购物、结算和资源共享；政府部门通过电子政务工程实现政务公开化，审批程序标准化，从而提高了政府的办事效率。

5. 企业的信息化

基于网络的管理信息系统（MIS）和资源制造计划（ERP）等，可以实现企业的生产、销售、管理和服务的全面信息化，从而有效地提高生产率。

6．远程教育与 E-learning

基于网络的远程教育和网络学习使得学习突破时间、空间和身份的限制，实现随时、随地获取教育资源并接受教育。

7．丰富的娱乐和社交网络

网络不仅改变了人们的工作与学习方式，也给人们带来丰富多彩的娱乐和消遣方式，如网上聊天、网络游戏、网上电影院、视频点播、社交网络等。

三、实验任务

（1）使用电子邮件客户端软件发送和接收电子邮件。

（2）使用浏览器完成 Web 浏览、FTP 文件下载。

（3）通过网络搜索引擎检索并获取特定信息。

四、实验环境

软件环境：浏览器、电子邮件客户端软件。本实验浏览器以 Microsoft Edge 为例，电子邮件客户端以 Outlook 2016 为例。

五、实验课时和类型

（1）课时：2 课时。

（2）类型：操作验证。

六、实验内容

1．使用电子邮件客户端软件发送和接收电子邮件

步骤 1：申请一个电子邮件账号

（1）括号中列出了三家国内著名的电子邮件服务商（腾讯、网易和新浪）的域名（mail.QQ.com、mail.163.com、mail.sina.com.cn）。任选一个域名，在浏览器的地址栏中输入后打开其主页，从注册开始，按照向导提示创建一个免费的 E-mail 账号。

（2）进入电子邮件服务商的网站，查找相关帮助中有关客户端设置的信息，获取收发邮件服务器的配置信息，将电子邮件服务商的域名、发送邮件（SMTP）服务器域名和接收邮件（POP3 或 IMAP）服务器域名记录在表 1-1-1 中。

表 1-1-1　电子邮件客户端配置信息

电子邮件服务商	域　　　名	SMTP 服务器域名	POP3 或 IMAP 服务器域名
腾讯			
网易			
新浪			

步骤 2：配置电子邮件客户端软件

（1）Outlook 软件是 Microsoft Office 套件中的一个组件。第一次运行 Outlook 时，会要求添加账号，在提示账户向导页面，选择"是"时，将进入如图 1-1-1 所示的"自动账户设置"界面；选择"否"则跳过账户设置。任何其他时间想要进行账户设置，可以在 Outlook 界面选择"文件"→"信息"命令，单击"添加账户"按钮，进入自

动账户设置页面。

图 1-1-1　自动账户设置界面

（2）选中"电子邮件账户"单选按钮，添加邮箱账户信息。根据需要输入自己的名称、邮件地址、邮箱密码，选中"手动设置或其他服务器类型"单选按钮，单击"下一步"按钮。

（3）选择邮件服务器类型为 POP 或者 IMAP，然后单击"下一步"按钮，进入如图 1-1-2 所示的"输入账户的邮件服务器设置"界面。

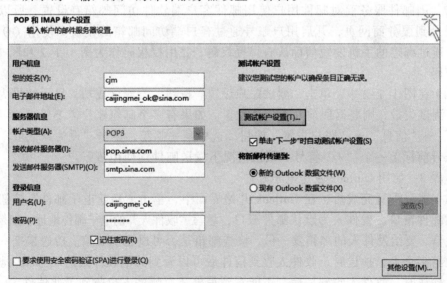

图 1-1-2　"输入账户的邮件服务器设置"界面

（4）添加已经查询到的收发邮件服务器域名。例如，要添加新浪邮箱，就把 pop.sina.com 填写在"接收邮件服务器"文本框中，把 smtp.sina.com 填写在"发送邮件服务器"文本框中。对于 QQ 邮箱，这里的密码要设置为特定的授权码。单击"其他设置"按钮，打开 Internet 电子邮件设置，选择"发送服务器"选项卡，如图 1-1-3

所示。

（5）选中"我的发送服务器（SMTP）要求验证"复选框，选中"使用与接收邮件服务器相同的设置"单选按钮。若是 QQ 邮箱，则选中"登录使用"单选按钮，再输入用户名和密码。单击"高级"选项卡，如图 1-1-4 所示。

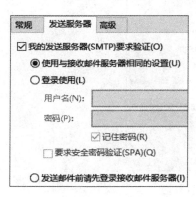
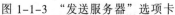

图 1-1-3 "发送服务器"选项卡   图 1-1-4 "高级"选项卡

（6）配置服务器端口号。新浪邮箱需要选中"此服务器要求加密连接"复选框，加密连接类型选择 SSL，这样设置后，接收服务器 POP3 的端口号是 995，SMTP 的端口号是 465。使用默认设置时，POP3 服务器端口号是 110，SMTP 服务器端口号是 25。一般不选中"14 天后删除服务器上的邮件副本"复选框。

（7）因邮件服务商对邮件用户使用邮件客户端软件访问邮箱有设置，所以要用账号登录到服务商网页，开启用户账号通过客户端访问邮箱的授权。使用 QQ 邮箱时，要通过绑定的手机发短信确认获得授权码，并用授权码作为图 1-1-2 和图 1-1-3 中的密码。

（8）在图 1-1-2 中，单击"测试账户设置"按钮，若测试成功，显示结果为已完成。若测试失败，则要返回前几步检查配置。如果有多个邮箱账户需要管理，可单击"文件"→"信息"→"账户设置"按钮，选中某一邮箱，单击"设为默认值"，该邮箱账号前标上一个"√"符号。默认情况下发送邮件均使用该账户。

步骤 3：使用 Outlook 发送电子邮件

（1）账号配置完成后，在 Outlook 开始界面中，单击"新建电子邮件"按钮，打开新建邮件窗口。发件人为默认邮件账户，填写"收件人"的电子邮件地址。如果是第一次发信，要给发件人的邮箱发一份，检查邮箱是否可以正确收信。抄送是把一封信同时发给多个人，抄送时，收件人收到信件后可以看到其他收件人的 E-mail 地址。而密件抄送时，收件人收到信后，不能看到另外还有哪些人也收到了此信件。

（2）为了让收信人能快速地了解此信的大意，邮件需要加上"主题"。信的正文写在空白处，写完信后，单击工具栏中的"发送"按钮。Outlook 窗口中会出现进度条，等待进度满 100% 后，表示完成发送。如果发送不成功，需要分析原因并改进。

步骤 4：使用 Outlook 接收电子邮件

（1）在图 1-1-5 所示的 Outlook 页面上，单击"发送和接收"按钮，再单击"发送/接收所有文件夹"按钮，当 Outlook 发送/接收进度框显示发送/接收完成后，最左侧收藏夹窗格中列出所有邮箱账户的收件箱、已发邮件等各个子文件夹名和统计数，最前面三行为默认邮箱账户的 Inbox（收件箱）、Sent Items（已发送邮件）和 Deleted Items（已删除邮件）。双击某个子文件夹，对应内容将显示在中间列表窗格和右边的内容显示区域。每次启动 Outlook 时，系统会自动接收信件。

（2）中间窗格列出选中的邮箱账户的某个子文件内容的列表信息，图 1-1-5 显示了默认邮箱账户的收件箱中的全部邮件列表：双击任意一个邮件列表项，右侧窗格将对应显示该邮件的详细内容；右击任意一个列表项，即可弹出快捷操作列表，实现快速回复、标注和处理。

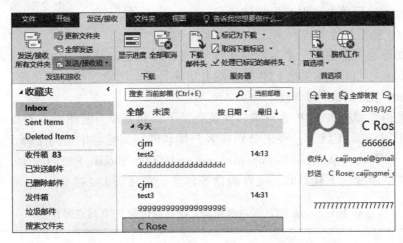

图 1-1-5 Outlook "发送/接收"界面

（3）在 Outlook 中建立两个邮箱账户，将其中一个设置为默认账户。新建一个主题为"测试一个默认邮箱"的新邮件，通过默认邮箱账户发送给另外一个邮箱账户。再新建一个主题为"测试我的另外一个邮箱"的新邮件，通过另外一个邮箱账户发送给默认邮箱账户。接收两个邮箱账户的收件箱。在表 1-1-2 中，记录发送邮件和接收邮件的邮箱地址，以及发送/接收结果。

表 1-1-2 收发电子邮件操作记录表

	目的邮箱地址	发送邮箱地址	发送结果（完成或失败）
发送邮件			
	源邮箱地址	接收邮箱地址	接收结果（完成或失败）
接收邮件			
如果收发邮件未成功，请分析可能的原因			

2．使用浏览器完成 Web 浏览、FTP 文件下载

步骤 1：使用浏览器完成 Web 浏览

（1）启动浏览器，在地址栏中输入要浏览的网页地址，如 http://www.sina.com.cn，即可浏览新浪网站的主页；输入 www.sbs.edu.cn，即可浏览上海商学院主页。

（2）单击浏览器界面中标准工具栏最左边的←（后退）或→（前进）按钮，可以在浏览过的网页中做前后快速切换。单击选择 🕑（历史记录），将列出按浏览时间排列的历史浏览记录，可包含最近几天或几周访问过的网页链接。单击"清除历史记录"按钮，可删除历史浏览记录。

（3）设置浏览器的主页。打开浏览器界面标准工具栏最右上角的 ⋯（三个点）按钮，在弹出的菜单中选择"设置"命令，选择"查看高级设置"。若看到显示主页按钮是关闭状态时，将按钮设置为开启，然后选择特定页，例如，在下面的框中输入百度的网址，然后单击"保存"按钮。

步骤 2：使用浏览器进行 FTP 文件下载

（1）在地址栏中输入一个免费的 FTP 服务器站点名，例如，上海交通大学 ftp://ftp.sjtu.edu.cn，可以直接在此 FTP 服务器上切换目录、浏览一些文本文件、下载各种版本的 Linux 系统的文件资料。

（2）上网查阅有关 FTP 客户端软件信息，下载和安装当前使用率较高的 FTP 客户端软件（如 FlashFXP）。要求分别在客户端软件和浏览器中访问上海交通大学的 FTP 网站，并下载目录（/pub/iso/opensolaris/ osol-0906-x86.iso）中的一个文件，将两种下载方式的步骤、下载时间、文件特性等信息记录在表 1-1-3 中。

表 1-1-3　从 FTP 客户端和浏览器界面访问 FTP 站点操作

项目 软件	简述下载的操作步骤	下载时间	文件特性（大小、访问限制）
FTP 客户端软件			
浏览器			

3. 通过网络搜索引擎检索并获取特定信息

步骤 1：使用搜索引擎获取特定信息

启动浏览器，在地址栏中分别打开 3 个搜索引擎（www.baidu.com、www.so.com、www.sogo.com），依次输入 4 个需要查找的关键词：免费 FTP 站点、考研+免费 FTP 站点、2018+考研+免费 FTP 站点、"2018 考研免费 FTP 站点"，统计搜索结果。在每一种搜索引擎返回的结果中，打开排在前 10 项的链接，阅读内容，统计相关性（认为内容相关性超过 50% 的计为 1，小于 50% 的计为 0），将累加数记录在表 1-1-4 中。

表 1-1-4　在 3 种搜索引擎下查找结果统计值

关键字 搜索引擎	免费 FTP 站点	考研+免费 FTP 站点	2018+考研+免 费 FTP 站点	2018 考研免费 FTP 站点	搜索结果相关 性的主观评价
www.baidu.com					
www.so.com					
www.sogo.com					
返回项数最多的搜索引擎名					

步骤 2：使用网络词典

在浏览器地址栏中，输入 cn.bing.com，登录微软 Bing 搜索网站，在搜索文本框中输入 client，再单击 Search 按钮，屏幕上将列出一系列和 client 相关的解释，浏览选择一条你认为最正确的解释，翻译成中文记录在表 1-1-5 中。再输入 NIC，浏览选择一条你认为最正确的解释（与网络应用相关），翻译成中文并记录在表 1-1-5 中。

表 1-1-5　术语定义

术语（英文）	术语（中文）	中文解释
client		
NIC		

七、实验思考题

（1）简述进入邮件服务商网站收发电子邮件与使用邮件客户端收发电子邮件各自的特点。

（2）在浏览器中，如何设置才能将 7 天内浏览过的网页保存在历史记录中？说出"刷新"命令在浏览器中作用。

（3）请查找相关资料，了解网络搜索引擎的发展现状，以及搜索引擎的分类。

（4）从查找结果的全面程度角度出发，比较 3 个搜索引擎 www.baidu.com、www.so.com、www.sogo.com，评价哪一个查到的信息较全面。

（5）针对 3 种搜索引擎，解释在查询关键词中的"+"的意义是什么？使用两个查询关键词："2018+考研+免费 FTP 站点"和"2018 考研免费 FTP 站点"获得的查询结果有何区别？

实验 1.2　绘制网络拓扑图

一、实验目的

学习使用 Visio 绘图软件绘制网络拓扑图，加深对计算机网络组成和结构的认识。

二、知识要点

1. Visio 软件

Visio 软件是微软公司开发的高级绘图软件。它功能强大、易学易用；用户可自行创建图库和采用模板快捷制图，制作的图可在 AutoCAD 和 Office 等软件中使用，随意缩放不会降低分辨率，打印方便。Visio 软件在电子工程图、机械工程图、商业流程图、软件设计图、网络拓扑图、项目计划图和组织结构图等许多领域得到了广泛应用。图 1-2-1 所示为 Visio 2013 的操作界面。访问 Visio 软件帮助网站，可以获得 Visio 各版本的详细帮助信息。在 Visio 的标准界面上，有一些快捷操作按钮集合，分别为"工具""形状""形状样式"等。在左边的形状栏中单击"更多形状"，可选择打开各种形状模具（如网络、流程图、电气工程图等），所有打开的模具名会排列显示，选中的模具名为当前可用，其包含的形状图直接显示在下方，可直接拖放到绘图区。单击选中"指针工具" 后，可以在绘图工作区选取欲编辑或移动的形状图对象。单击选中"绘图" 后，可在作图区画出简单的图形，如方框、圆、线条等。单击选中"文本" 后，可以在作图区设置文本编辑框，添加文字。单击选中"连接线" 后，用连接线连接形状。用连接线的好处是当移动某个带有连接点的形状时，连接线将随着一起移动。

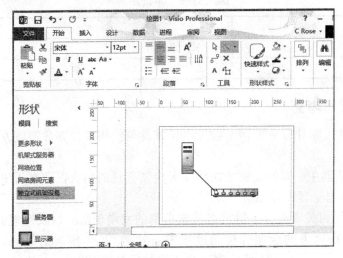

图 1-2-1　Visio 2013 操作界面示意图

2．绘制基本网络图

基本网络图用来表示网络组成中计算机、网络设备和其他设备的分布情况以及连接状态。网络图的设计是组网方案设计中的重要一步。通过正确安排给定计算机和设备的位置，可保证获得一定的网络响应时间、吞吐量和可靠性。通过选择适当的路线、线路容量以及连接方式等，使整个网络结构合理并耗费较低的成本。在 Visio 软件中，可以选择"基本网络图"或"详细网络图"模板。基本网络图是构建简单易懂的网络设计并进行文档保存的有效途径，一个基本的网络图，可以帮助显示不同的设备安装的逻辑，以满足多种业务需求，也是网络技术初学者入门时的最好选择。

三、实验任务

熟悉 Visio 软件，学习使用 Visio 绘制基本网络图。

四、实验环境

软件环境：Visio 2013 或以上版本的软件。

五、实验课时和类型

（1）课时：2 课时。

（2）类型：验证型。

六、实验内容

1. 绘制网络图

按照图 1-2-2 所示绘制网络图并保存。

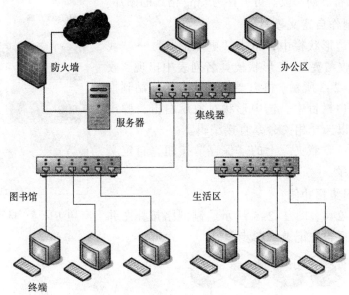

图 1-2-2 公司网络图

步骤 1：启动 Visio 软件，进入绘图窗口

运行 Visio 软件，选择"文件"→"新建"→"网络"→"基本网络图"→"创建"，进入绘图窗口。绘图窗口左边是"形状"栏，包含一些已经打开的形状模具名称列表，列出当前选中的形状模具中可用的图符；右边是绘图区。

步骤 2：选定需要的形状到绘图区

（1）在左边的"形状"栏中，单击"更多形状"→"网络"→"独立式机架设备"。选中独立式机架设备，在其下的显示栏中拖出"集线器"到绘图区，选中并调整到合适大小。接着可复制或再次拖放并进行调整，直至完成三台集线器的放置。然后拖放一台"服务器"到绘图区，选中并调整大小。

（2）打开"计算机和显示器–3D"形状文件夹，在其下的显示栏中拖出八台"终端"，放置在绘图区中的合适位置处（也可以拖出一台"终端"到绘图区中，接着复制 7 台）。

（3）打开"网络和外设"形状文件夹，在其下显示栏中拖出"防火墙"到绘图区中，适当调整其大小。

（4）打开"网络位置–3D"，在其下显示栏中拖出"云"到绘图区中，适当调整其大小。

步骤 3：用连接线连接形状并输入文字标注

选择连接线工具，连接设备。如果需要增加、移动或删除形状上的连接点，可以选择使用连接点工具进行修正。双击一个形状，自动打开文本编辑框，输入文字完成信息标注。也可以选择文本工具，将鼠标定位在需要的位置单击，打开文本编辑框添加信息。

步骤 4：设计完成后保存文件

绘制完成后，单击"保存"按钮，文件名为 Network1.vsdx（2010 以后版本）或者*.vsd（适合 2010 之前版本），以备后期修改。可另存为*.jpg 格式的图片。

2．学习制作自定义模具

（1）在左边形状栏中，单击"更多形状"→"我的形状"→"收藏夹"，在形状模具名列表中出现"收藏夹"，如图 1-2-3 所示。将需要的形状直接粘贴到模具名下面的空白栏目中。选中形状对象后右击，弹出快捷菜单，可以选择相关命令直接编辑。

（2）单击"收藏夹"上的"保存"按钮，自定义的形状将被保存。

3．绘制网络拓扑图

按照图 1-2-4、图 1-2-5 所示绘制网络拓扑图并保存。在实验报告中记录绘图步骤。

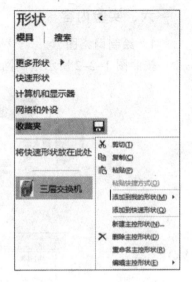

图 1-2-3 自定义形状模具

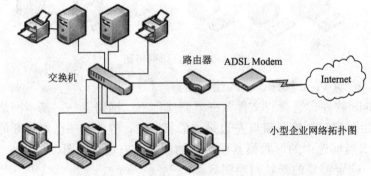

图 1-2-4 公司局域网拓扑结构图（一）

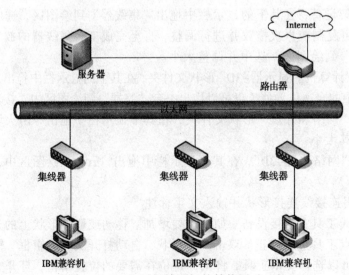

图 1-2-5 公司局域网拓扑结构图（二）

七、实验思考题

（1）用 Visio 绘出的网络图有何优点？在 Visio 软件中，简述如何构建一个新的形状模具。

（2）在 Visio 中，扩充图库有哪些来源？"收藏夹"在什么目录下？

（3）小型局域网常用的网络拓扑结构有哪些？

（4）观察上述 3 个拓扑结构图，完成表 1-2-1 内容。

表 1-2-1 公司局域网拓扑结构图信息

图　名	拓扑类型（总线、星状、环状、树状）	计算机数量		网络设备数量			网络类型（局域网、广域网、城域网和互联网）
		服务器	工作站	集线器/交换机	路由器	防火墙	
拓扑结构图 1-2-2							
拓扑结构图 1-2-4							
拓扑结构图 1-2-5							

实验 1.3　学习 Cisco Packet Tracer 的使用

一、实验目的

认识 Cisco Packet Tracer 软件，了解其基本功能和用途；学习使用 Packet Tracer 进行网络拓扑的搭建，了解设备配置和简单的连通性测试方法。

二、知识要点

1. 认识 Cisco Packet Tracer 软件

Cisco Packet Tracer 是由 Cisco 公司发布的一个辅助学习网络技术的模拟器软件，提供可视化、可交互的用户图形界面，来模拟网络设备及其网络处理过程，使得网络实验变得更直观、灵活和方便。 Packet Tracer 主界面提供两个可任意切换的工作区：逻辑工作区（Logical）与物理工作区（Physical），如图 1-3-1 所示。提供两种可任意切换的工作模式：实时模式（Real-time）与模拟模式（Simulation），如图 1-3-2 所示。

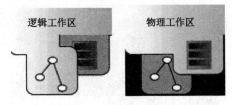
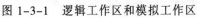

图 1-3-1　逻辑工作区和模拟工作区　　　　图 1-3-2　实时模式和模拟模式

（1）逻辑工作区：主要工作区，在该区域里可完成网络设备的逻辑连接及配置。

（2）物理工作区：该区域提供了办公地点（城市、办公室、工作间等）和设备的直观图，可以对它们进行相应配置，并可监测传输线配置是否正确。

（3）实时模式：仿真网络实际运行过程，用户可检查设备配置、转发表和路由表等控制信息，通过发送数据包检测端到端的连通性。

（4）模拟模式：可提供数据包在网络设备中进行详细处理的过程，观察、分析数据包端到端传输过程中的每一个步骤，了解网络实时运行情况和协议操作过程，是实际网络环境下无法提供的学习工具。

2．认识 IOS 命令模式

Cisco 网络设备可以视为专用计算机，由硬件系统和软件系统组成，核心软件是互联网操作系统（Internetwork Operating System，IOS）。IOS 用户操作界面是命令行界面，通过输入命令实现对网络设备的配置和管理。为了安全，IOS 提供了 3 种基本的命令行模式：用户模式（User Mode）、特权模式（Privileged Mode）和全局模式（Global Mode）。在不同的模式下，用户具有不同的配置和管理网络设备的权限。表 1-3-1 列出在不同模式下的提示符，Router 是默认的主机名。

表 1-3-1　IOS 提供的命令行模式

模　式　种　类		提　示　符
用户模式		Router>
特权模式		Router#
全局模式	全局配置模式	Router(config)#
	路由器配置模式	Router(config-router)#
	接口配置模式	Router(config-if)#
	VLAN 配置模式	Router(config-vlan)#
	线路配置模式	Router(config-line)#

三、实验任务

（1）下载 Cisco Packet Tracer（V7.1.1）并熟悉 Cisco Packet Tracer 软件的基本操作。

（2）学习基本的网络连接、配置和命令行的使用。

四、实验环境

软件环境：Cisco Packet Tracer（V7.1.1 版或以上）。

五、实验课时和类型

（1）课时：2 课时。

（2）类型：操作验证。

六、实验内容

1. 下载 Cisco Packet Tracer 软件并熟悉其基本操作

步骤 1：下载 Packet Tracer V7.1.1 以上版本

进入 Cisco 的官方网站，根据所用的操作系统的版本类型，下载配套的较新版本的 Packet Tracer 软件（如 Cisco Packet Tracer 7.2.1）。将下载软件包另存到本地硬盘，解压并安装。

步骤 2：熟悉 Packet Tracer 的用户界面操作

（1）启动 Packet Tracer V7.1.1 后，打开逻辑工作区用户界面，如图 1-3-3 所示。

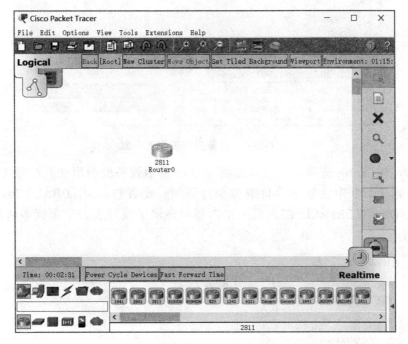

图 1-3-3　Packet Tracer 7.1.1 用户界面

（2）在左下角的图例导航区（Symbol Navigation）中，可以切换不同的设备图例。例如，单击路由器图标，右边出现所有可选的路由器型号。从"导航区"中拖动某个设备图标到逻辑工作区域（中间最大块的地方）。例如，单击路由器图标，右边出现所有可选的路由器型号，选择 2811，拖动到工作区，如图 1-3-3 所示。单击工作区中的设备，可以调出该设备的设置界面。

步骤 3：熟悉设备配置界面操作

（1）单击 Physical 选项卡，打开如图 1-3-4 所示设备的物理配置页面，可以进行设备模块的配置。默认情况下，设备没有安装任何模块。可以从左边的 MODULES 列表拖动需要的模块到设备的空插槽中（左下角有相应的模块说明）。注意，拖放前要关闭设备的电源（在图片中单击电源开关即可），完成后打开电源。

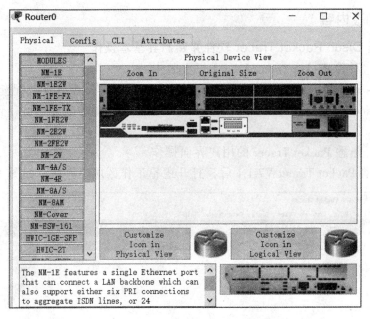

图 1-3-4　设备的物理配置页面

（2）单击 Config 选项卡，打开如图 1-3-5 所示设备的图形交互配置（GUI）页面，下面的文本框中会显示等价的命令行语句。配置包括 GLOBAL、ROUTING、SWITCHING、INTERFACE 四大项。单击每项显示子项列表，子项列表将随设备不同略有不同。

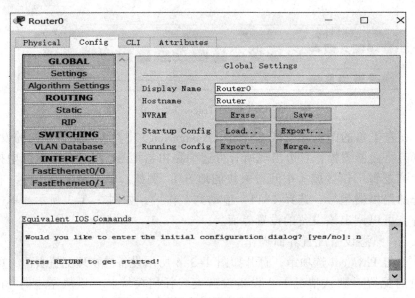

图 1-3-5　设备的图形化配置页面

（3）单击 CLI 选项卡，打开如图 1-3-6 所示的命令行配置页，OSI 命令配置的效果与图形化界面下的配置等同，但部分配置只能通过命令行方式实现。

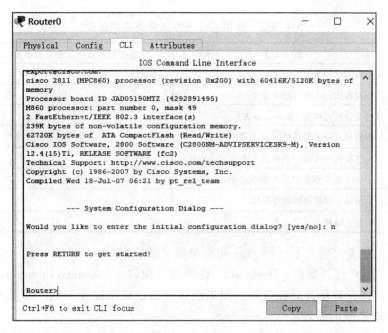

图 1-3-6　设备的命令行配置页面

2．学习基本的网络连接、配置和命令行的使用

在 Packet Tracer 的工作区，画出如图 1-3-7 所示的网络拓扑图，配置 PC0 的 IP 为 192.168.1.1，子网掩码为 255.255.255.0，默认网关为 192.168.1.254；配置路由器与交换机相连接口的 IP 为 192.168.1.254，子网掩码为 255.255.255.0。在交换机上完成表 1-3-2 列出的任务，并在表的命令栏中记录所使用的命令。

步骤 1：拖放设备、线缆搭建网络图

拖放一台 1841 路由器，一台 2960-24TT 交换机，一台 PC，用直通线（单击🗲，选择╱）连接 PC 的 Fast Ethernet 口到交换机的 f0/1 接口，连接交换机的 f0/2 接口到路由器的 f0/1 口。

图 1-3-7　网络拓扑图

步骤 2：通过 GUI 界面配置设备

（1）单击 PC 打开标签页，选择桌面（Desktop），单击打开 IP Configuration，配置 IP address（IP 地址）为 192.168.1.1，Subnet Mask（子网掩码）为 255.255.255.9，Default Gateway 为 192.168.1.254。配置完成后，关闭配置界面退出。

（2）单击路由器打开图形化配置页，选择 Config→Interface 找到相应端口（f0/1），配置 IP 地址为 192.168.1.254 和子网掩码为 255.255.255.0，同时注意使端口置为 On。正确配置完成后，拓扑图上的连接点最终显示常绿。配置完成后，关闭配置界面退出。

（3）单击交换机打开命令行配置界面，按照表 1-3-2 所列的要求完成，并记录所用的命令。

表 1-3-2　使用 CLI 命令完成要求的任务

序　号	要　　求	记录使用的命令（命令和参数、提示符）
1	从用户模式进入特权模式	
2	从特权模式进入全局配置模式	
3	修改交换机名称为（hostname X）	
4	从全局模式进入交换机的 f0/1 接口模式	
5	指定交换机 f0/1 接口的模式为全双工（Full）	
6	指定 f0/1 接口的通信速率为 100 Mbit/s	
7	从全局以下模式返回到特权模式	
8	返回到上级模式	

步骤 3：在实时模式下，用 ping 和简单报文传输测试

（1）单击 PC 打开桌面（Desktop），选择命令窗口（Command Prompt），输入 ping 192.168.1.254，查看是否能够连通。如果能够连通，说明配置正确。如果无法连通，需要返回检查之前的配置。

（2）启动简单报文工具（），单击 PC 放置简单报文图标，再单击路由器放置简单报文图标。如果能够连通，会提示成功（Successful），说明配置正确。如果无法连通，会提示失败（Failed），需要返回检查之前的配置。

七、实验思考题

（1）在 Packet Tracer 的命令行界面（CLI）中，如果忘记命令，或忘记命令所带的参数，或忘记命令或参数中的部分字符，解释如何查询获得帮助。

（2）在 CLI 界面中，解释命令自动补全功能和快捷键（Ctrl+C）、（Ctrl+Z）的功能。

（3）在交换机的图形化配置界面中，取消选中某一接口（如 f0/1）的接口状态（Port Status）对应的 on 复选框（□On）后，该接口上的连接依然连通吗？请解释原因。

（4）如何在设备的图形界面完成表 1-3-2 中序号（3～6）的任务，简述操作步骤。

第 2 章

数据通信基础 «‹‹

实验 2.1 直通线的制作和测试

一、实验目的

了解非屏蔽双绞线（UTP）的特点与用途，了解 T568A 和 T568B 排线标准，掌握直通线的制作和测线。

二、知识要点

1. 双绞线的特性

双绞线是局域网布线中最常用的一种传输介质。非屏蔽五类双绞线内共有八根细导线，每根带彩色外套的导线和对应的白线互相缠绕成一对线，组成四对。

双绞线两端安装 RJ-45 连接器（水晶头）后，成为网线。网线最大长度为 100 m，主要用于网络设备之间的有线连接，如网卡和交换机、网卡与网卡、交换机和交换机、交换机和路由器等。表 2-1-1 是两种排线标准（T568A 和 T568B），用于做网线时双绞线内的 8 根导线的排序，在实际工程中，较多使用 T568B 标准。

表 2-1-1 非屏蔽五类双绞线的引脚颜色表

引脚号	1	2	3	4	5	6	7	8
T568A	白绿	绿	白橙	蓝	白蓝	橙	白棕	棕
T568B	白橙	橙	白绿	蓝	白蓝	绿	白棕	棕

直通线是一根双绞线两端安装 RJ-45 连接器时使用同一种排线标准而制作出来的一种网线，用于连接不同类型的设备，如交换机与网卡、集线器与网卡、交换机与集线器、交换机与路由器等。

2. 直通线两端的导线对分布

直通线两端的两个 RJ-45 连接器中的导线排序要一致。把 RJ-45 连接器有弹片的一面朝外，有金属片的一面朝向实验者时，RJ-45 连接器中的 8 个引脚的排序如图 2-1-1 所示。两端的 RJ-45 连接器中各根导线的分布情况如图 2-1-2 所示。

图 2-1-1 RJ-45 连接器引脚的分布图

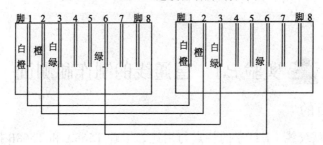

图 2-1-2 直通线两端的 RJ-45 连接器中各根导线分布情况

3．RJ-45 压线钳

图 2-1-3 所示为常见的 RJ-45 压线钳。它有两个刃口，靠近把手的刃口用于剪断整根双绞线，靠近转轴的刃口用于剥掉双绞线外面的塑料护套。两个刃口中间是 RJ-45 压线槽口，用于把连接器的铜片压入线，使铜片和双绞线紧密接触。

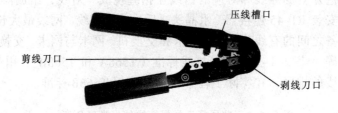

图 2-1-3 RJ-45 压线钳

4．双绞线测试仪

测试仪有两个插座：其中一个为信号发射器，另一个为信号接收器。测试仪上有两排由 8 个发光二极管组成的指示灯。把制作好的网线插入测试仪，观察两排 8 个发光二极管的点亮次序情况，即可判断网线是否连接正常。

三、实验任务

（1）了解 T568A/T568B 标准。

（2）了解使用非屏蔽双绞线与 RJ-45 连接器的连接方法。

（3）掌握直通线的制作和测试方法。

四、实验环境

硬件环境：

（1）RJ-45 连接器、RJ-45 压线钳、测线仪。

（2）保证每位学生拥有一根长度为 2 m 左右的非屏蔽双绞线，4～6 个 RJ-45 连接器，4～5 人拥有一把压线钳和一台测试仪。

五、实验课时和类型

（1）课时：1 课时。

（2）类型：技能训练型。

六、实验内容

1. 了解 T568A/T568B 标准的排列顺序

阅读本实验中的知识要点，熟悉 T568A 和 T568B 标准线序，判断直通线和交叉线两端连接器中排线顺序遵循的标准，记录在表 2-1-2 中。

表 2-1-2　两端遵循的排线标准

线　　型	导线一端的连接器中采用的线序标准	导线另一端连接器中采用的线序标准
直通线		
交叉线		

2. 非屏蔽双绞线与 RJ-45 连接器的连接方法

步骤 1：剥线

（1）用压线钳的剪线刀口将双绞线端头剪齐，再将双绞线端头伸入剥线刀口（剥掉塑料护套），剥出的导线的长度最好为 1.5～2 cm，如图 2-1-4 所示。注意不要将内部的细导线剪断。

图 2-1-4　剥出的导线

（2）有一些双绞线电缆中含有一根柔软的尼龙绳，如果感觉裸露的导线部分太短，而不利于制作 RJ-45 连接头时，可以紧握双绞线外皮，再捏住双绞线往外皮的下方剥开，就可以得到较长的裸露导线。

步骤 2：理线

（1）剥出的每对线是相互缠绕在一起的，先不将它们解开。左手握住双绞线外套，按 4 个方向将四对线分开，如图 2-1-5 所示。

（2）按照规定的线序（T568B 或 T568A）一根一根来理线。把第一对线反向解开，把分离出来的线用大拇指按在食指侧面，分出来一根就拉直一根，然后按标准线序，一根紧靠一根排序。当 8 根线都正确排序后，把它们弄平整，并拢后平行排列好。

步骤 3：插线

（1）用剪线刀口将裸露的导线剪齐，留下的长度约为 1.4 cm。一只手捏住连接器，让连接器有弹片的一侧向下，另一只手捏平双绞线，稍稍用力将排好的线平行插入连接器内的线槽中，如图 2-1-6 所示。

（2）8 根导线顶端应触到线槽顶端。将并拢的双绞线插入 RJ-45 连接器时，注意双绞线的线序要和 RJ-45 连接器的引脚序号一致。

步骤 4：压线

确认理线和插线操作均正确完成后，将连接器放入压线钳的压线槽口中，用力捏下压线钳，确保连接器上凸出的黄色金属片已经被压平。

图 2-1-5　理线前准备

水晶头　双绞线

图 2-1-6　插线

3．掌握直通线的制作过程

步骤 1：剥线和理线

（1）参考上述步骤 1 剥线。

（2）参考上述步骤 2 中的（1）。根据 T568B 的标准制作连接头时，选择橙色对线作为第一对线，绿色为第二对线，蓝色为第三对线，棕色为第四对线（橙/绿/蓝/棕）。参考上述步骤 2 中的（2），小心地拆开每一对线并排列平整。最后将左 4 线和左 6 线交换，8 根线从左数起，按白橙／橙／白绿／蓝／白蓝／绿／白棕／棕平行排列。

步骤 2：插线和压线

参考上述步骤 3 和步骤 4，完成直通线制作。

4．掌握直通线的测试过程

步骤 1：插入测试仪 RJ-45 端口

将做好的网线分别插入测试仪两个 RJ-45 端口，打开测试仪开关。

步骤 2：观察测试仪上 8 个小灯的闪烁情况

（1）每个测试仪上有两排 8 个小灯，注意观察测试仪上发光二极管的闪烁情况。如果测试仪的上下两排灯对应地从 1～8 顺序闪动，那么网线制作正确。如果出现一个灯不亮，或不按次序闪灯，或闪灯不稳定等，说明制作不正确，需要重新检查理线、插线和压线步骤。如果是线序错或者有断线，只能剪掉连接头重新做。

（2）将测试结果记录在表 2-1-3 中。（亮：打✓；暗：打✕）

表 2-1-3　测试仪上发光二极管的闪烁情况表

线　　型	直通线（亮：打✓；暗：打✕）							
信号发射器中发光二极管状态	灯 1	灯 2	灯 3	灯 4	灯 5	灯 6	灯 7	灯 8
信号接收器中发光二极管状态	灯 1	灯 2	灯 3	灯 4	灯 5	灯 6	灯 7	灯 8
记录直通线测试结果（全通或第几对线不通）								

七、实验思考题

（1）网卡与集线器相连的网线是哪种线？这种网线遵循哪种排线标准？

（2）剥开双绞线，除了四对双绞线外还有一根尼龙线，分析这根尼龙线的作用。

（3）分析造成直通线测试结果不正确的情况，列出典型的错误。

（4）为什么在做网线接头时，裸露出来的导线合适长度为 1.4 cm 左右。

实验 2.2　交叉线的制作、测试和使用

一、实验目的

通过本次实验，掌握交叉线的制作和测试，并学会使用交叉线连接两台计算机。

二、知识要点

交叉线是一种网线，制作时双绞线两端 RJ-45 连接头中排线序列使用不同标准，主要用于同类设备互连，例如同种网卡、集线器之间、交换机之间，以及路由器和路由器之间的连接。交叉线两端的两个 RJ-45 连接器中的导线对分布如图 2-2-1 所示。

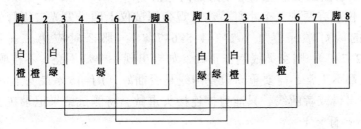

图 2-2-1　交叉线两端的 RJ-45 连接器中各根导线的分布情况

三、实验任务

（1）掌握交叉线的制作过程。

（2）掌握交叉线的测试过程。

（3）使用交叉线连接两台计算机。

四、实验环境

硬件环境：

（1）RJ-45 连接器、RJ-45 压线钳、测线仪。

（2）保证每个学生拥有一根长度为 2 m 左右的非屏蔽双绞线，4～6 个 RJ-45 连接器。4～5 人拥有一把压线钳和一台测试仪。（学生可以利用上一次实验中的直通线和制作材料）

五、实验课时和类型

（1）课时：2 课时。

（2）类型：技能训练型。

六、实验内容

1. 掌握交叉线的制作过程

步骤 1：按照 T568B 标准制作一个连接头

如果使用上一次制作好的双绞线，则跳过此步。否则，参考实验 2.1 中"掌握直通线的制作过程"中列出的步骤，完成一个连接头的制作。

步骤 2：使用 T568A 标准制作另外一个连接头

如果使用上一次制作好的双绞线，则剪去一个连接头。T568A 的理线方式为：选择绿色对线作为第一对线，橙色为第二对线，蓝色为第三对线，棕色为第四对线（绿/橙/蓝/棕），拆开每对线并排列平整。将左 4 线和左 6 线交换，8 根线从左数起，按白绿/绿/白橙/蓝/白蓝/橙/白棕/棕平行排列。最后，参考上一个实验的步骤，完成连接头的制作。

2. 掌握交叉线的测试过程

步骤 1：插入测试仪 RJ-45 端口

将做好的网线分别插入测试仪的两个 RJ-45 端口，打开测试仪开关。

步骤 2：观察测试仪上的 8 个小灯的闪烁情况

每个测试仪上有两排 8 个小灯，注意观察测试仪上两排发光二极管的闪烁情况。如果第一排的闪灯顺序是（1-2-3-4-5-6-7-8），那么对应第二排闪灯顺序为（3-6-1-4-5-2-7-8），则交叉线制作正确。如果出现一个灯不亮、不按顺序闪灯及闪灯不稳定等，都不正常，需要重新检查网线是否插好，RJ-45 水晶头上的金属片是否压好，若线序出错或者断线，只能剪掉连接头重做。将测试结果记录在表 2-2-1 中。（亮：打√；暗：打×）

表 2-2-1　测线仪上发光二极管的闪烁情况表

线　型	交叉线（亮：打√；暗：打×）							
信号发射器中发光二极管状态	灯 3	灯 6	灯 1	灯 4	灯 5	灯 2	灯 7	灯 8
信号接收器中发光二极管状态	灯 1	灯 2	灯 3	灯 4	灯 5	灯 6	灯 7	灯 8

3. 使用交叉线连接两台计算机并观察网卡指示灯（两位同学一组）

步骤 1：连接两台计算机的网卡

如果计算机事先已经插好网线，则要拔掉原网线，观察网线拔掉以后网卡指示灯的状态，再将交叉线分别插入两台计算机网卡的 RJ-45 端口上。

步骤 2：观察网卡指示灯的状态

插入网线后，观察网卡指示灯的状态，将观察结果记录在表 2-2-2 中。如果两边网卡上的绿色指示灯常亮，说明交叉线制作正确。

表 2-2-2　网卡指示灯状态

网　　卡	没插网线时指示灯状态 （亮/暗）	插入网线后的指示灯状态 （亮/暗）
计算机 1 网卡		
计算机 2 网卡		

七、实验思考题

（1）在制作直通线和交叉线时，排序有何区别？

（2）哪些设备互连时使用直通线？哪些使用交叉线？

（3）为什么计算机与计算机互连要使用交叉线？

OSI 参考模型体系 <<<

第 3 章

实验 3.1 理解网络标准和 OSI 模型

一、实验目的

了解国际标准化组织（ISO），了解有关 OSI 模型的基本知识、OSI 模型各层的基本功能。

二、知识要点

1. ISO

国际标准化组织（International Organization for Standardization，ISO）是一个全球性的非政府组织，是国际标准化领域中一个十分重要的组织。ISO 的任务是促进全球范围内的标准化及其相关活动，以利于国际间产品与服务的交流，并在知识、科学、技术和经济活动中发展国际间的相互合作。

2. OSI

OSI 参考模型（Open System Interconnection Reference Model）简称 OSI，是由国际标准化组织（ISO）制定的标准化开放式计算机网络层次结构模型，"开放"表示能使任何两个遵守参考模型和有关标准的系统进行互连。OSI 参考模型并非具体实现的描述，它只是一个为制定标准而提供的概念性框架。OSI 包括体系结构、服务定义和协议规范三级抽象。

（1）OSI 的体系结构定义了一个七层模型，用于终端系统之间进程间的通信，并作为一个框架来协调各层标准的制定。

（2）OSI 的服务定义描述了各层所提供的服务、层与层之间的抽象接口和交互用的服务原语。

（3）OSI 各层的协议规范精确地定义了应当发送何种控制信息、用何种过程来解释控制信息。

三、实验任务

（1）了解 OSI 组织。

（2）理解 OSI 模型分层概念和各层的功能定义。

四、实验环境

（1）软件环境：浏览器软件。

（2）网络环境：已连接因特网的机房。

五、实验课时和类型

（1）课时：1 课时。

（2）类型：验证型。

六、实验内容

1. 了解 ISO 组织

打开浏览器，登录到 www.iso.org，打开 ISO 的主页。单击 All About ISO 链接，打开 About ISO 页面进行阅读，根据表 3-1-1 中的要求，获取相关信息并填写在表 3-1-1 的右栏中。

表 3-1-1　有关 ISO 的一些基本信息

要　　求	相 关 信 息
ISO 的标准是如何开发的	
查找 ISO 制定的有关标准文本（从主页开始，给出相关的超链接点）	
ISO 组织成立时间	
ISO 组织的性质	
ISO 组织的职责	
ISO 组织发布的标准文本数目	
ISO 组织发布的与 OSI 模型相关的标准文本数目	

2. 理解 OSI 模型分层概念和各层的功能定义

步骤 1：阅读下面的场景

（1）一个保密机构必须向位于法国巴黎城外 50 英里（1 英里 ≈ 1.6 km）的一个小镇上的另一个保密机构发送一份三页纸的信件。由于该信件是高度保密的，所以信的每一页要单独发送。

（2）信件的每一个单词都被发送方加密，再由接收方对它们进行解密。

（3）接收方为了能够理解整封信的内容，他们必须收到全部三页纸。

（4）发送方将通过常规的邮件服务发送邮件，但还需要收到接收方的应答以确保发送安全。该信件将首先发送到巴黎，然后再转发到这个小镇。

步骤 2：阅读以下对密件投递系统通信过程的分步描述

（1）按层次结构划分密件投递系统，可分为 4 个层次，如图 3-1-1 所示。

第 4 层	通信实体
第 3 层	邮件处理实体
第 2 层	传输实体
第 1 层	物理传输实体

保密机构 A	保密机构 B
某部门 A1	某部门 B1
邮政服务系统 A2	邮政服务系统 B2
邮件运输系统	

图 3-1-1　按层次结构划分的密件投递系统

- 通信实体：保密机构 A 和保密机构 B。
- 邮件处理实体：保密机构 A 中某部门 A1 和保密机构 B 中某部门 B1。
- 传输实体：邮政服务系统 A2 和邮政服务系统 B2（例如，本地邮局或快递）。
- 物理传输实体：邮件运输系统。

（2）通信过程描述：

- 发送信件：保密机构 A 产生一封信件，交给部门 A1，分割处理成三页，加密后，封装成三封独立的邮件（邮件等级属于挂号），交本地的邮政服务系统 A1。
- 传输过程：邮政服务系统 A1 通过邮件运输系统，将三封邮件先发送到巴黎，经过巴黎的邮政服务系统，转送到小镇的邮件服务系统 B2。
- 接收信件：邮件服务系统 B2 把三封邮件投递到保密机构 B 的部门 B2 处，收到每一封信件，均要签发邮局的回条。三封信件收齐后，进行解密并还原成原始信件。
- 发送方接收回条：邮件服务系统返回三封邮件的回条给部门 A1，收到回条后，确认信息已经到达对方。

步骤 3：完成下列任务

（1）在表 3-1-2 中，概述通信系统各对等层实体之间要完成的功能。

表 3-1-2　本通信系统各层功能描述

层　　次	功　能　描　述
第 4 层	
第 3 层	
第 2 层	
第 1 层	

（2）在表 3-1-3 中，填写 OSI 模型各层名称，并用直线将本通信系统的各层和 OSI 模型中的各个层次对应起来。

表 3-1-3　本通信系统和 OSI 模型层次的对应关系

层　　次	OSI 模型各层名称	对应关系联线	密件投递系统各层名称
7 层			通信实体
6 层			邮件处理实体
5 层			
4 层			传输实体
3 层			
2 层			物理传输实体
1 层			

七、实验思考题

（1）OSI 参考模型分为几层？简述各层的主要功能。

（2）在上述实验的案例中，邮件实际上是邮政系统通过巴黎进行中转传输的。在上述分层体系结构中,对最高层的机构发送和接收者而言,是否会产生影响,为什么?

（3）根据上述案例,为了保证密件能可靠和按时传输,简述对等层之间必须遵守的规范（即协议）,并简述上下层之间递交密件的接口形式。

（4）什么是协议栈? 列举计算机网络中常用的协议栈。

实验 3.2　学习 Wireshark 软件的使用

一、实验目的

通过本实验,学习 Wireshark 的基本操作,了解协议分析软件的基本功能和作用,掌握使用 Wireshark 俘获协议报文的基本操作。

二、知识要点

1. 协议分析软件

要深入学习与理解网络协议,必须深入观察运行过程中对等实体之间的协议报文交换。利用协议分析工具,可捕获一个设备发送到网络或从网络接收的报文,并存储、显示出捕获报文的协议头部字段的结构和内容,以便学习者深入理解网络协议的内涵和作用。图 3-2-1 所示为协议分析软件（又称网络分析器,Packet sniffer）的结构。

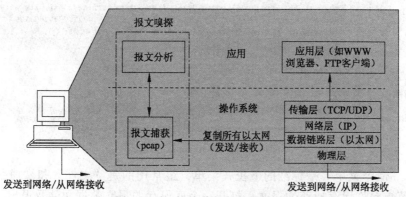

图 3-2-1　协议分析软件的结构

协议分析软件（如虚线框中标示）主要由两部分组成:报文捕获（Packet Capture）和报文分析（Packet Analyzer）。

（1）报文捕获:即抓包,把 Wireshark 软件上的网卡接入有线（或无线）网络并"启动"抓包时,调用有线（或无线）网卡和报文捕获之间的驱动程序,捕获发送到物理线路上或从物理线路中接收到的数据包。这一驱动程序在 Windows 系统中称为 WinPcap,在 Linux 系统中称为 LibPcap,对于无线网卡而言为 AirPacp。

（2）报文分析:用来显示协议报文所有字段的内容。为此,分析器必须能够理解协议所交换的报文结构。例如,要显示 HTTP 协议交换的报文。协议分析器要理解以太网帧格式,能够识别出运载的 IP 数据包。也要理解 IP 数据包的格式,并能从 IP 数据包中提取出 TCP 报文段。需要理解 TCP 报文段,并能够从中提取出 HTTP 消息。需要理解 HTTP 消息的结构等。

2．Wireshark 概述

Wireshark 是一个开放源代码、图形用户接口的协议分析软件，也是目前较好的开放源代码的网络协议分析工具，可运行在 Windows、UNIX、Linux 等操作系统上，可以从官网下载最新的稳定版本。每一个 Wireshark Windows 安装包都会绑定 WinPcap 驱动程序的最新稳定版。

Wireshark 依赖于 Pcap 驱动程序（为系统应用程序提供访问网络底层的能力），在安装 Wireshark 前，必须先安装 Pcap 驱动软件。可从 http://www.winpcap.org 免费下载 WinPcap，从 http://www.tcpdump.org 免费下载 LinPcap。

Wireshark 的界面主要分为六个部分：命令菜单、显示过滤器、捕获报文列表窗格、协议树窗格、报文内容窗格和状态栏，如图 3-2-2 所示。

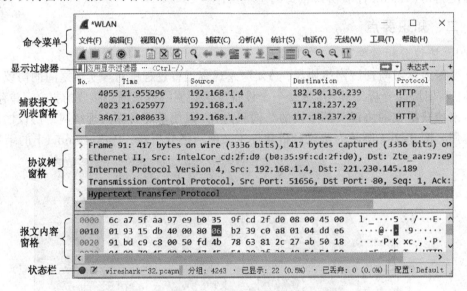

图 3-2-2　Wireshark 主窗口

（1）"命令菜单"是标准的下拉式菜单，最常用的是"文件"和"捕获"菜单。"文件"菜单允许保存捕获的报文、打开一个已保存的报文数据文件及退出 Wireshark 程序。"捕获"菜单用于选择网卡并启动抓包。使用菜单栏下的快速启动工具栏，可快捷实现菜单栏的功能。

（2）"显示过滤器"组合框中，可以填写协议的名称及其他信息，根据此内容可以对"捕获报文列表窗格"中的显示报文进行过滤。

（3）"捕获报文列表"窗格中，按行显示已被捕获的报文内容。包括：报文序号、捕获时间、报文的源地址和目的地址、协议类型、每条报文的概述。单击某一列的列名，可以按该列对报文进行排序。

（4）"协议树窗格"用来显示选定的报文头部的协议结构和内容。单击每行左边的"＞"号，可以展开选中报文各层协议的头部字段。单击每行左边的"Ｖ"号，展开的信息将隐藏。

（5）在"报文内容窗格"中，以 ASCII 码和十六进制两种格式显示被捕获的报文内容。

（6）"状态栏"显示已捕获报文的临时存放目录和文件名、捕获的报文总数和显示条数。

三、实验任务

（1）熟悉 Wireshark 的基本操作。
（2）使用 Wireshark 捕获协议报文。
（3）使用 Wireshark 的显示过滤器。

四、实验环境

（1）软件环境：协议分析软件 Wireshark 2.6.7 以上版本、浏览器软件。
（2）网络环境：已连接因特网的机房。

五、实验课时和类型

（1）课时：2 课时。
（2）类型：验证型。

六、实验内容

1. 熟悉 Wireshark 的基本操作

步骤 1：启动 Wireshark 软件

（1）选择"开始"→"程序"命令，启动 Wireshark 软件，打开如图 3-2-3 所示的窗口。可以单击快速启动工具栏中的 按钮，快速启动 Wireshark 抓包，使用默认的网卡。若要选择 Wireshark 抓包时实际使用的网卡，可在图 3-2-3 的网卡列表中选择；或者单击快速启动栏中的 按钮，或者选择"捕获"→"选项"命令，进入如图 3-2-4 所示的捕获接口配置界面。

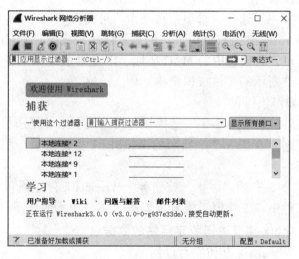

图 3-2-3　Wireshark 网络分析器初始界面

（2）在图 3-2-4 所示的捕获接口配置界面，最上面的接口组合框中显示本机可用的网卡，选择实际抓包用网卡，也可选择一块以上的网卡来同时抓包。

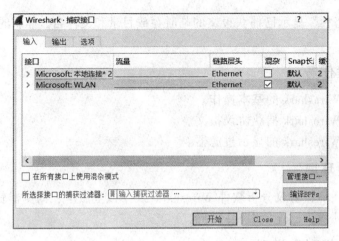

图 3-2-4　Wireshark 捕获接口配置界面

步骤 2：抓包用网卡的其他选项设置

（1）在图 3-2-4 中，单击"管理接口"按钮，打开当前主机可用的网卡列表，选择实际用于抓包的网卡并显示。

（2）选中"在所有接口上使用混杂模式"复选框或选中在中间列表中为某个需要设置混杂模式的网卡。选中混杂模式意味着 Wireshark 会抓取能捕获到的所有数据包，包括数据包的目的（MAC/IP）地址不是本机地址。如果不选，只能捕获到目的（MAC/IP）地址为本机的数据包，以及广播或组播数据包。

（3）在图 3-2-4 中，选择"输出"选项卡，可在文件栏中输入一个用户自定义的路径和文件名，Wireshark 会把所捕获的报文数据保存在该文件中。此外，还可以根据特殊需要，以多个文件形式存储在一个目录下，Wireshark 自动在原始文件名后添加具体时间后缀为多个文件命名。

（4）在图 3-2-4 中，选择"选项"选项卡，可配置 Wireshark 以自动决定何时停止抓包，或配置 Wireshark 主窗口中报文的显示样式，或配置对名字解析的方式（名字解析功能一经启用，数据包中的 MAC 地址、IP 地址或端口号将会分别以有意义的名称显示在图 2-3-2 所示的"协议树窗格"中）。

步骤 3：启动和停止抓包

（1）配置完成后，在图 3-2-4 中选择抓包用的网卡（可复选），单击"开始"按钮（　），开始抓包。在图 3-2-5 所示的 Wireshark 主窗口中，左上角图标为绿色，提示正在捕获状态。

（2）单击图 3-2-5 中的"停止"按钮 ■，Wireshark 停止抓包，将所捕获的数据包存放在指定的文件中。工作窗口恢复成如图 3-2-2 所示的状态。

2．使用 Wireshark 捕获访问特定网站的数据包

步骤 1：启动 Wireshark 并访问百度网站

（1）在图 3-2-4 所示的界面中，选择本次抓包用网卡，选择保存的文件名和路径。在"所选择接口的捕获过滤器"栏中，输入 host www.baidu.com（输入正确时背景显示为绿色），不勾选混杂模式，单击"开始"按钮，启动 Wireshark 抓包。

（2）打开浏览器，在地址栏中输入 www.baidu.com，等待网站主页显示完毕。

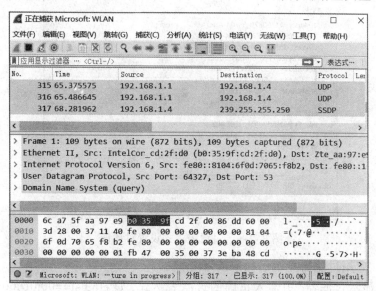

图 3-2-5　Wireshark 抓包窗口

步骤 2：停止抓包、统计报文条数信息

（1）当完整的页面下载完毕时，单击"停止"按钮（ ■ ）。在 Wireshark 主窗口中（类似图 3-2-2）显示本次捕获的计算机与 www.baidu.com 主机交换的所有协议报文。注意若未抓到数据包，需要清空浏览器的缓存数据和文件后，重新进行抓包。

（2）单击"协议类型"（Protocol）列名，报文（分组）将按照协议类型排序，观察 Wireshark 主窗口的"状态栏"和"捕获报文列表窗格"中的内容，将统计数据记录在表 3-2-1 中，并将捕获的报文另存为 xxx.pcap 文档。

表 3-2-1　Wireshark 俘获报文信息

要　　　求	条　　　数
捕获的报文总数/显示的报文总数	
HTTP 的报文条数/非 HTTP 报文条数	

3. 使用 Wireshark 的显示过滤器

步骤 1：使用显示过滤器窗口输入过滤表达式

（1）单击"表达式"按钮，打开如图 3-2-6 所示的对话框，书写过滤表达式：eth.dst==00:0D:60:CB:C2:86。在"字段名称"列表框中找到正确的选项，如 Ethernet，单击左边的">"号，在子选项中选择正确的选项，如 eth.dst。

（2）在"关系"列表框中选择"=="选项，在"值"文本框中输入本网卡的 MAC，如 00:0D:60:CB:C2:86，在对话框底部将以绿底背景显示书写正确的过滤表达式。单击 OK 按钮，则在 Wireshark 主窗口的显示过滤器组合框中显示过滤表达式。

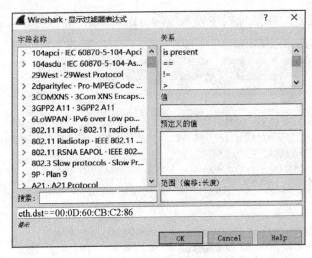

图 3-2-6　过滤表达式设置对话框

步骤 2：应用过滤器显示已抓取的部分数据

（1）在"显示过滤器"中输入正确的过滤表达式，如 eth.dst==00:0D:60:CB:C2: 86，单击"应用"按钮⇨，在"捕获报文列表"窗格中，显示数据帧中目标 MAC 地址为 00:0D:60:CB:C2:86 的报文，不显示报文。单击"取消"按钮☒，恢复显示全部已抓取的报文。

（2）在"显示过滤器"中直接输入协议名称，如 http，单击"应用"按钮⇨，"捕获报文列表"窗格将显示 HTTP 协议报文。

（3）在"显示过滤器"中输入错误的过滤表达式或协议名称时，输入栏的底色将显示为红色。

步骤 3：书写过滤表达式并应用过滤报文

双击打开之前保存的文档，使用步骤 1 中的显示过滤表达式窗口，根据表 3-2-2 中的要求，在显示过滤器的栏目中输入过滤表达式并统计显示的报文条数，记录在表中。

表 3-2-2　书写过滤表达式和统计报文数

要　　求	关系（操作符或简写形式）		过滤表达式	显示报文条数
本局域网中的网关计算机发出和接收的数据包	== 或	eq	ip.addr==x.x.x.x	
本机发出的数据包	== 或	eq	ip.src==x.x.x.x	
本机接收的数据包	== 或	eq	ip.dst==x.x.x.x	
显示从 Web 服务器发出的数据包	== 或	eq	tcp.srcport==80	
显示 IP 包长度大于 64 字节的数据包	>= 或	ge	ip.len>= 64	
显示以太网的广播帧	== 或	eq	eth==ff:ff:ff:ff:ff:ff	
显示访问百度主机的 HTTP 协议数据包	== 或	eq	http.host=="www.baidu.com"	
显示 TCP 的目的端口号为 80 的数据包	== 或	eq	tcp.dstport==80	

注：x.x.x.x 对应具体实验环境中的 IP 地址。

步骤 4：书写组合表达式并应用过滤报文

可以使用逻辑操作符，将过滤表达式构建成组合表达式，例如显示 192.168.15.3 主机发出和接收的 http 报文 ip.addr == 192.168.15.3 && http。根据表 3-2-3 中的要求，在"显示过滤器"中输入组合表达式，并将显示的报文条数记录在表中。

表 3-2-3　组合表达式和统计报文数

要　求	逻辑操作符	组合表达式	显示报文条数
本机的数据包且 TCP 的 FIN 标记位置 1	&&或 and(与)	ip.addr==x.x.x.x&&tcp.flags.fin==1	
本机发出的，且 TCP 的 SYN 标记位置 1，且 TCP 的 ACK 标记位置 0	&&或 and(与)	ip.src==x.x.x.x&& tcp.flags.syn==1 && tcp.flags.ack==0	
本机或网关的 HTTP 数据包	||或 or（或）	(ip.addr==x.x.x.x|| ip.addr==y.y.y.y)&&http	
除本机外的 ARP 数据包	!或 not（非）	!(ip.addr==x.x.x.x)and arp	

注：x.x.x.x 对应具体实验环境中的 IP 地址。

七、实验思考题

（1）Wireshark 软件可以运行在哪些操作系统平台上？

（2）如何书写一个显示过滤表达式？如何书写用于捕获过滤器中的捕获规则？

（3）写一个显示过滤表达式，用于显示从 MAC 地址为 08:00:08:15:ca:fe 发出所有数据包。

（4）写一个显示过滤表达式，捕获所有从主机 192.168.0.10 发送和接收的 HTTP 数据包。

实验 3.3　使用 Wireshark 分析协议报文

一、实验目的

通过本次实验，学会使用协议分析工具对捕获的协议进行分析，了解通信双方交换的协议报文的结构、内容，加深对网络协议的作用和工作过程的理解。

二、知识要点

在 Wireshark 的"协议树"窗格中，可以展开协议树中的结点，了解捕获的数据包封装的具体协议报头和运载的数据等内容，如主机的 MAC 地址、IP 地址、TCP 和 UDP 的端口号和状态位等。在"报文内容"窗格中，可以查看报文对应的十六进制数和 ASCII 码。

三、实验任务

（1）了解 Wireshark 协议树的结构和定义。

（2）使用 Wireshark 了解通信协议的结构和工作过程。

四、实验环境

（1）软件环境：协议分析软件 Wireshark 2.6.7 以上版本、浏览器软件。

（2）网络环境：已连接因特网的机房。

五、实验课时和类型

（1）课时：2 课时。

（2）类型：验证型。

六、实验内容

1. 了解 Wireshark 的协议树结构和信息

步骤 1：设置正确的选项参数、启动捕获

（1）启动 Wireshark 软件，单击 ◉ 按钮打开 Wireshark 的捕获接口配置对话框，如图 3-2-4 所示。选择捕获用的网卡，使用混杂模式。

（2）配置完成后，单击"开始"按钮，打开如图 3-2-5 所示的 Wireshark 抓包窗口。

步骤 2：捕获本机与 3 个网站之间的所有报文

（1）打开浏览器，在浏览器地址栏中分别输入 3 个不同的网址。当网站的主页在浏览器中显示完毕时，关闭该网页。再输入下一个网址，直至访问完成。

（2）回到 Wireshark 抓包窗口，单击"停止"按钮 ■，返回如图 3-2-2 所示的 Wireshark 主窗口。根据表 3-3-1 中的项目，观察状态行和构建过滤表达式，统计并记录在表中。

表 3-3-1　统计捕获的报文信息

序号	项　　目	观 察 结 果（若使用显示过滤表达式的话，请记录）
1	捕获的报文总数	
2	从本机发出的报文总数	
3	从 3 个网站发出的报文总数	
4	TCP 协议报文总数	
5	HTTP 协议报文总数	

步骤 3：查看报文对应的协议树

（1）单击协议类型列名（Protocol），所有捕获的报文将按照协议名排序。在如图 3-2-2 所示的"捕获报文列表窗格"中，单击选择第一条 HTTP 报文。该报文封装的协议信息将在"协议树窗格"中显示出来，如图 3-3-1 所示。

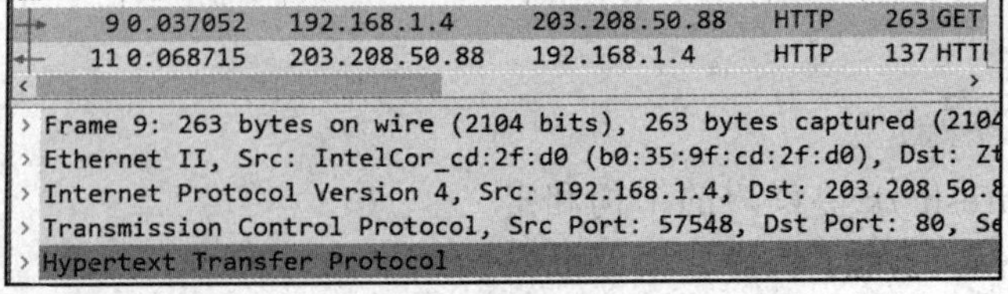

图 3-3-1　编号为 9 的报文对应的协议树

（2）单击 Frame（帧）左边的"＞"号，可以看到该报文对应的编号、长度、时间参数和协议封装等概述信息，阅读后将相关参数记录在表 3-3-2 中。

表 3-3-2　数据包的时间、长度和协议等属性

项　目	结　果
数据包长度（字节）	
数据包序号	
自开始抓包以来的秒数	
自抓到上一个数据包以来的秒数	
数据包封装的协议类型（从低到高）	

（3）单击 Ethernet（以太网）协议、Internet Protocol Version 4（IPv4）、Transmission Control Protocol（TCP）和 Hypertext Transfer Protocol（HTTP）名称左边的"＞"号，对应的协议头部信息会自动显示出来，单击"∨"号，展开的信息将隐藏。

（4）在"协议树窗格"中选择任意一行，在下面的"报文内容窗格"中，均有对应的十六进制数和 ASCII 码字符显示。例如，单击 Transmission Control Protocol 左边的"＞"号，将结构化显示 TCP 协议报头的全部组成字段：字段名、值和描述信息，根据表 3-3-3 所列出的项目，记录相关字段对应的值。

表 3-3-3　解读 TCP 协议报头的字段和值

描述信息（根据选用报文，填入 x 的值）	字　段　名（中文）	值
Source Port: x		
Destination Port: x		
TCP Segment Len: x		
Window size value: x		
Checksum:x		

2．使用 Wireshark 了解通信协议的结构和工作过程

步骤 1：了解各层协议结构

（1）选中 Ethernet II（以太网），下面的"报文内容窗格"中将自动高亮显示与此协议报头对应的十六进制表示的数据和 ASCII 码表示的字符。查看该协议报头的具体内容，根据表 3-3-4 的要求，完成统计并记录值。

（2）重复上述操作，分别打开 Internet Protocol Version 4（IP4）、Transmission Control Protocol（TCP）、Hypertext Transfer Protocol（HTTP）的协议报头，完成统计并记录值。

（3）计算该报文的全部协议报头字段所占的总字节数，计算与该数据报长度（总字节数）的比率，将结果记录在表 3-3-4 中。

步骤 2：了解主机之间 ping 通信过程中的数据包交换

（1）相邻两台计算机为一组，启动两台计算机中的 Wireshark 软件，在"捕获报文列表窗格"中，选择捕获用网卡，取消混杂模式，在"所选择接口的捕获过滤器"栏中，输入捕获规则：host <本机 IP 地址>and <相邻机 IP 地址>（例如 host 192.168.0.1and192.168.0.2）。单击"开始"按钮，打开"捕获报文列表窗格"。

（2）在两台计算机的命令行窗口中，输入命令：ping 相邻机 IP 地址，等待 4 条回应信息显示完毕后，关闭"捕获报文列表窗格"，返回 Wireshark 的主窗口。

（3）Wireshark 主窗口中显示两机 ping 通信之间交换的数据包信息。了解两机交换的数据包和数据包封装的协议报头信息。任选一条 ICMP 包，在"协议树窗格"中展开，根据表 3-3-5 的要求，记录相关数据在表 3-3-5 中。

表 3-3-4　协议字段信息

各层协议	内　　容	值
Ethrnet II	协议头部字段字节数	
	发送数据帧地址	
	接收数据帧地址	
Internet Protocol Version 4	协议头部字段字节数	
	发送数据包地址	
	接收数据包地址	
Transmission Control Protocol	协议头部字段字节数	
	发送数据段端口	
	接收数据段端口	
Hypertext Transfer Protocol	协议头部字段字节数	
	要传递的信息字段字节数	
	目标网站的域名	
协议头部字段总长度和数据报总长度的比率		

表 3-3-5　交换的数据报信息

要　　求	值
捕获到的数据包总数	
其中非 ICMP 报文总数	
本机接收的 ICMP 数据包数	
ICMP 包中封装的网络层协议名为	
ICMP 数据包的长度为多少字节	
其中 ICMP 数据包的总数	
本机发送的 ICMP 数据包数	
ICMP 包中封装的最底层协议名为	
ICMP 包中封装的最高层协议名为	
两机交换的用户数据信息长度为	
两机交换的用户数据信息内容（以字符表示）	

七、实验思考题

（1）写出捕获当前主机（IP 地址为 x.y.z.w）和 www.sbs.edu.cn 主机之间通信的捕获规则。

（2）写出在 Wireshark 的"协议窗口"中显示的协议树的基本结构。

（3）查找有关 Wireshark 的资料，简述 Wireshark 软件在协议分析和网络管理中的用途。

（4）在捕获两机之间 ping 通信过程时，除了捕获到 ICMP 数据包外，还会捕获到其他协议数据包吗？如果能捕获到，请问是何种类型，有何作用？

局 域 网 ‹‹‹

第4章

实验 4.1　学习组建小型局域网

一、实验目的

通过本次实验，加深理解小型局域网的结构、常用组网设备和组网规则。能在 Cisco Packet Tracer 环境中，学会小型局域网的设计，使用合适的连网设备，学习调试方法。

二、知识要点

1．局域网的组建概述

组建网络之前要进行需求分析工作，以确定用户的需求。然后，进入网络系统方案设计阶段，包括确定局域网类型、结构、带宽和网络设备类型、布线方案和局域网服务设施。

在组建局域网时，以太网以其性能优良、价格低廉、升级和维护方便等特性，成为首选类型。至于选择百兆以太网还是千兆以太网，是要根据用户的需求和资源条件决定。如果网络建设机构存在布线方面的困难，也可以选择无线局域网。

如果组建的局域网是由空间上集中的几十台计算机构成的小型局域网，可以使用一组或一台交换机连接所有的入网结点，组成简单的星状结构。如果局域网的规模是由几十台至几百台入网结点组成，在空间上分布在一座建筑物的多个楼层或多个部门，这种中小型局域网，在设计上常采用接入层和核心层的二层网络结构，即接入层结点直接连入核心层结点，如图 4-1-1 所示。如果局域网的规模是由数百台至上千台入网结点组成，在空间上跨越在一个园区的多个建筑物，这种为大型局域网，通常采用接入层、汇聚层和核心层的三层结构，如图 4-1-2 所示。

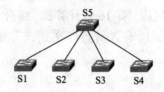

图 4-1-1　二层网络结构

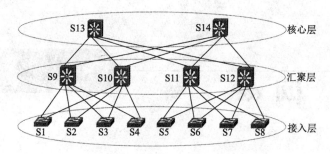

图 4-1-2　三层网络结构

分层网络结构的主要优势：数据传输过程中经过的交换机是相对固定的，可以应用不同类型的交换机实现不同类型数据的传输功能，增强了网络的可靠性。

2．中小型局域网的带宽和连网设备选择

一般而言，网络数据流量不是很大的中小型局域网可选择百兆位以太网。如果入网结点的数量在百台以上且传输的信息量很大，例如，若局域网上运行实时多媒体业务，就有必要选择千兆位以太网。

对于二层结构的中小型局域网络，网络底层有大量的终端设备，如计算机、打印机和平板计算机等，故接入层需要配置有多个网络端口的快速以太网交换机。核心层一般选用三层的千兆以太网交换机，三层交换机具有路由功能，方便不同 VLAN 之间的通信需要。

三、实验任务

分析用户的组网需求，选择合适的组网方案。了解星状和二层网络结构的应用。在 Cisco Packet Tracer 环境下，设计网络拓扑图，配置并调试运行，验证组网方案的可行性。

四、实验环境

软件环境：Cisco Packet Tracer（V7.1.1 版及其以上版本）。

五、实验课时和类型

（1）课时：2 课时。
（2）类型：技能训练型。

六、实验内容

1．构建星状的小型局域网

某高校行政楼的一间办公室内，有 16 台计算机，每台计算机均配有 100/1 000 Mbit/s 网卡，有一台可连网的打印机供所有人员打印文档，为提高办公效率和资源共享，需要组建小型办公网络。

步骤 1：组网需求分析

通过简单的需求分析，给出组网的关键要素，如表 4-1-1 所示。

表 4-1-1　组网的关键要素

序　号	要　素	简　述	数　量
1	拓扑结构	星状	
2	网线	直通线	18根，长度适中
3	网络打印机	带网络接口的打印机	1台
4	连网设备	24个端口的二层以太网交换机	1台
5	操作系统	Windows 10 Pro	
6	网络工作模式	对等网	

步骤 2：在 Packet Tracer 中完成网络拓扑图设计

启动 Packet Tracer，选择型号为 2950-24 的二层以太网交换机为互连设备，用直通线连接终端的 FastEthernet0 端口和交换机对应端口，如图 4-1-3 所示。

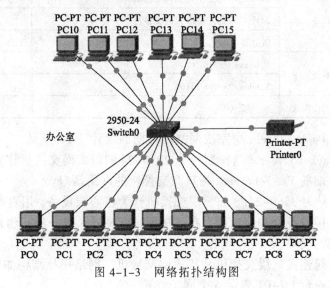

图 4-1-3　网络拓扑结构图

步骤 3：配置 IP 地址

（1）依次打开 PC0～PC15 终端的配置页，选择 Desktop（桌面），进入 IP Configuration（IP 配置）界面，配置 IP 地址（如设置为 192.168.1.1～192.168.1.16）和子网掩码 255.255.255.0。

（2）打开 Pinter0 的配置页，选择 FastEthernet0，配置 IP 地址和子网掩码。

步骤 4：用简单报文测试网络连通性

选中图标（　　），此时显示的指针会带上一个信封，在任意两台终端上单击，若两机通信正常，会在右下框中显示 successful；若显示 failed，需要返回步骤 3 的第（2）步检查原因。

2．构建二层结构的小型局域网

某学校有一栋教学楼，共有四层，每一层有 4 间教室。每层共有 20 个网络接入点，每个教室中分布 5 个百兆的接入点，可用于终端设备的接入。整栋教学楼配备一台服务器，用于网络账户和教学资源的管理。教学楼局域网络最终接入到校园网络中。

在校园网络内，教学楼局域网的网络地址是 192.168.2.0/24。

步骤 1：组网需求分析

每个楼层使用 1 台二层交换机，共 4 台。大楼使用 1 台带有千兆以太网接口的三层交换机，连接 4 个百兆的二层交换机，两个千兆接口分别连接大楼服务器和路由器。使用双绞线，网络带宽为百兆以上。组网的关键要素如表 4-1-2 所示。

表 4-1-2 组网的关键要素

序　号	要　素	简　述	数　量
1	拓扑结构	二层结构（接入层、核心层）	
2	网线	直通线（用于连接交换机和校园网路由器、服务器）	82 根（长度适中）
		交叉线(用于连接二层交换机与三层交换机)	4 根（长度适中）
3	连网设备	24 个端口的二层以太网交换机	4 台
		24 个端口的三层以太网交换机	1 台
		路由器	1 台
4	操作系统	Windows 10 Pro	
		Windows Server 2016	
5	网络工作模式	客户/服务器	

步骤 2：在 Packet Tracer 中完成网络拓扑图的设计

（1）启动 Packet Tracer，选择型号为 2950-24 的以太网交换机作为接入层设备，用直通线连接终端的 FastEthernet0 端口和交换机的网络端口。

（2）选择型号为 3560-24PS 的三层交换机作为核心层设备，用直通线连接两个千兆网络端口到大楼服务器和路由器。在连接前，需要进入服务器的物理界面，关机添加一个千兆以太网模块。

（3）用交叉线连接三层交换机和接入层交换机，网络拓扑结构如图 4-1-4 所示。图中每个教室用一台 PC-PT 表示 5 个同类终端。

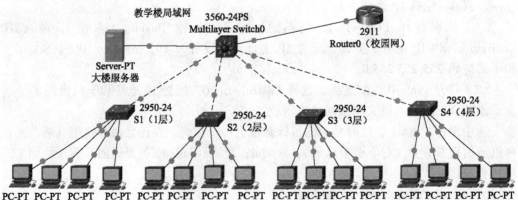

图 4-1-4 网络拓扑结构

步骤 3：配置 IP 地址

（1）教学楼局域网的网络地址是 192.168.2.0/24，IP 地址规划如表 4-1-3 所示，大楼服务器的地址可任选一个。完成终端和服务器 IP 地址、子网掩码（255.255.255.0）和默认网关（192.168.2.253）的配置。

（2）打开路由器的配置页面，用配置命令配置路由器的 IP 地址，如图 4-1-5 所示。

表 4-1-3　IP 地址的配置

楼　层	主机地址/子网掩码
1	192.168.2.1~192.168.2.5/24
	192.168.2.9~192.168.2.13/24
	192.168.2.17~192.168.2.21/24
	192.168.2.25~192.168.2.29/24
2	192.168.2.33~192.168.2.37/24
	192.168.2.41~192.168.2.45/24
	192.168.2.49~192.168.2.53/24
	192.168.2.57~192.168.2.61/24
3	192.168.2.66~192.168.2.70/24
	192.168.2.74~192.168.2.78/24
	192.168.2.82~192.168.2.86/24
	192.168.2.90~192.168.2.94/24
4	192.168.2.97~192.168.2.101/24
	192.168.2.105~192.168.2.109/24
	192.168.2.113~192.168.2.117/24
	192.168.2.121~192.168.2.125/24
大楼服务器	192.168.2.129~192.168.2.133/24
路由器	192.168.2.253/24

| Physical | Config | CLI | Attributes |

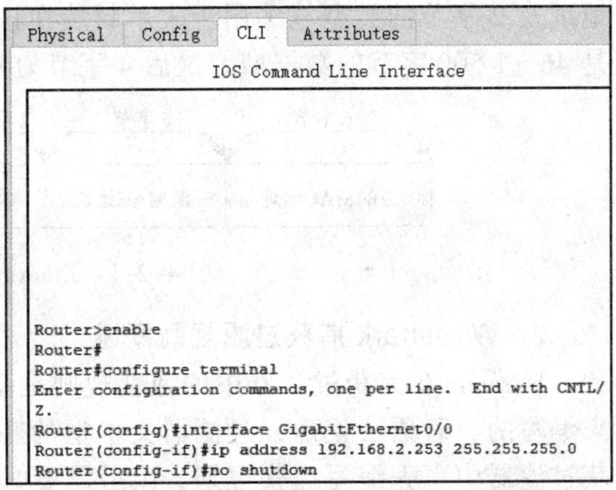

IOS Command Line Interface

```
Router>enable
Router#
Router#configure terminal
Enter configuration commands, one per line.  End with CNTL/
Z.
Router(config)#interface GigabitEthernet0/0
Router(config-if)#ip address 192.168.2.253 255.255.255.0
Router(config-if)#no shutdown
```

图 4-1-5　路由器的命令配置界面

步骤 4：使用简单报文测试网络连通性

使用简单报文工具测试网络连通性，测试成功后，选择"文件"→"另存为"命令保存结果，文件名为 Lab41.pkt。

七、实验思考题

（1）在快速以太网中，采用双绞线连接交换机和计算机、交换机和交换机时，网线的最大距离是多少？

（2）在构建本实验的二层结构网络时，为何要选择一个三层交换机作为核心层的连网设备？如果选择二层交换机作为核心层的连网设备，能满足用户的要求吗？

（3）如果选择路由器作为二层网络结构中核心层的连网设备，相对于三层交换机而言，将会带来哪些问题？

（4）要将大楼各教室内的 5 个接入点划分为一个独立的 VLAN，可行的 VLAN 配置方法是什么？

实验 4.2　了解以太网帧格式

一、实验目的

通过实验，学会用 Wireshark 协议分析工具捕获以太网帧，加深对以太网协议和以太网帧结构的理解。

二、知识要点

1. 以太网的帧结构概述

在以太网标准中，存在 4 种结构的帧（Frame）：Ethernet II、Ethernet 802.3 raw（Novell Ethernet）、Ethernet 802.3 SAP（IEEE 802.3/802.2）和 Ethernet 802.3 SNAP，常用的是 Ethernet II。

Ethernet II 由 DIX 以太网联盟推出，由 6 字节的目的 MAC 地址、6 字节的源 MAC 地址及 2 字节的类型域（用于表示封装在这个帧里面高层数据的类型）组成。接着是 46～1 500 字节的数据域，最后 4 字节为帧校验码，如图 4-2-1 所示。

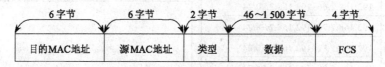

图 4-2-1　Ethernet II 帧的结构

2. Wireshark 捕获过滤规则概述

Wireshark 捕获过滤器中的捕获规则是基于伯克利数据包过滤器（BPF）的语法来编写的，若语法正确，过滤器文本框的底色会变绿，反之，底色会变红。可在捕获过滤器中事先编写捕获规划，以后需要时直接调用。程序自带的 BPF 编译器，可用来检查捕获规划的语法是否正确。

捕获规划由一个或多个原词构成。每个原词都包含一个限定符和一个标识符。

限定符分为 3 种类型：类型（Type）、方向（Dir）和协议类型（Proto）。在输入限定符的首字母时，软件会自动补全限定符。

（1）类型限定符：标识符所指代的事物，例如，host 限定符是指主机名或主机地址，net 指定网络号，port 指定 TCP/UDP 端口号。

（2）方向限定符：指明数据包来自/发往某个标识符所指代的主机，例如，src 和 dst 分别表示数据包源于/发往某个标识符所指代的主机。

（3）协议限定符：指明了数据包所匹配的协议类型。例如，ether、ip 和 arp 分别用来指明以太网帧、IP 数据包和地址解析协议包。

标识符的形式为名称或数字，标识符会作为限定符的对应参数而列出。标识符是用来进行匹配的实际条件。例如，标识符既可以是一个 IP 地址（192.168.1.1），也可以是一个 TCP/UDP 端口号（80），或者是一个 IP 网络地址（192.168.1.0/24）。

三、实验任务

熟悉协议分析软件 Wireshark 中捕获过滤器的使用，设置捕获规划以捕获特定的以太网帧并分析协议报文结构。

四、实验环境

（1）软件环境：协议分析软件 Wireshark 2.6.7 以上版本，浏览器软件。
（2）网络环境：已连接因特网的机房。

五、实验课时和类型

（1）课时：2 课时。
（2）类型：验证型。

六、实验内容

1. 熟悉捕获过滤器的用法

步骤：捕获过滤器的配置

（1）选择"开始"→"程序"命令，启动 Wireshark 软件，选择"捕获"→"捕获过滤器"命令，打开捕获过滤器窗口，如图 4-2-2 所示。单击"+"按钮，添加一条新的捕获规则；单击"−"按钮，删除一条选中的捕获规则；单击 ⬚ 按钮，复制一条选中的捕获规则。

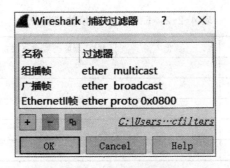

图 4-2-2　捕获过滤器窗口

（2）双击"新建捕获过滤器"修改过滤规则名称，例如，广播帧。再双击右边的栏目，输入过滤表达式，例如（ether broadcast）。按图 4-2-2 输入上述三条规则，单击 OK 按钮，过滤规则将会自动保存在 cfilters 文件中。

2. 捕捉特定的以太网帧并分析

步骤 1：启动 Wireshark 并设置正确的选项

（1）选择"开始"→"程序"命令，启动 Wireshark 软件，单击 ◉ 按钮打开 Wireshark 的捕获接口配置窗口，选中捕获用的网卡，使用混杂模式。

（2）在"所选择接口的捕获过滤器"文本框中输入捕获规则：ether proto 0x0800，确定已绑定到捕获用网卡上。Wireshark 将捕获网络中任何主机发出的以太网帧（高层是 IPv4 数据包）。也可以通过打开 cfilters 文档，复制捕获规则到文本框中。单击"开始"按钮打开捕获窗口。

步骤 2：等待捕获完成

任意选择浏览 5~6 个网站，如 www.wireshark.org、www.163.com、www.iso.org、support.microsoft.com、www.netacad.com 等，约 2~3 min 后，单击"停止"按钮■，返回 Wireshark 主窗口。

步骤 3：分析以太网帧的结构

（1）在"捕获报文列表"窗格中选择任一行，双击打开其对应的"协议树"显示窗口，单击 Frame 左边的">"号，在表 4-2-1 中记录相关统计信息。

表 4-2-1　帧的统计信息

项　目	统　计	项　目	统　计
帧序号		帧长度（位）	
帧长度（字节）		帧捕获时间	
与第一条捕获帧相隔的秒数		与上一条捕获帧相隔的秒数	
帧涉及的所有协议类型			

（2）在"协议树"显示窗口中，单击 Ethernet II 行左边的">"号，并单击下属所有字段左边的">"号，打开 Ethernet II 帧的所有字段和各字段对应的值，记录在表 4-2-2 中，分析源和目的 MAC 地址的类型（判断属于单播地址、组播地址或广播地址）。

表 4-2-2　Ethernet II 帧的结构分析

字　段	值	MAC 地址类型或高层协议类型	判　断　依　据
目的 MAC 地址			
源 MAC 地址			
类型			
FCS	无	无	无
此帧运载的数据总长（字节）			

3．捕获广播帧并分析

步骤 1：启动 Wireshark 并设置正确的选项

（1）选择"开始"→"程序"命令，启动 Wireshark 软件，单击◉按钮打开 Wireshark 的捕获接口配置窗口，选中捕获用的网卡，使用混杂模式。

（2）在"所选择接口的捕获过滤器"文本框中输入捕获规则 ether broadcast，并确定已绑定到捕获用网卡上，Wireshark 将捕获网络中所有广播帧。单击"开始"按钮打开捕获窗口，等待 2~3 min 或当捕获到 20 条以上的广播帧后，单击"停止"按钮，返回主窗口。

步骤 2：观察并分析帧的结构

（1）在"捕获报文列表窗格"中选择任一行，双击打开其对应的"协议树窗格"，单击 Frame 左边的">"号，在表 4-2-3 中记录相关统计信息。

表 4-2-3　广播帧统计信息

第一个广播帧	结　果	最后一个广播帧	结　果
帧序号		帧序号	
帧长度（位）		帧长度（位）	
帧长度（字节）		帧长度（字节）	
帧捕获时间		帧捕获时间	
秒数		秒数	
与第一条捕获帧相隔的秒数		与第一条捕获帧相隔的秒数	
帧涉及的所有协议类型		帧涉及的所有协议类型	

（2）在"捕获报文列表窗格"中选择任一行，双击打开其对应的"协议树窗格"，单击 Ethernet II 行左边的 ">" 号，在表 4-2-4 中记录相关统计信息。

表 4-2-4　广播帧的结构和分析

字　段	值	MAC 地址类型或高层协议类型	判　断　依　据
目的 MAC 地址			
源 MAC 地址			
类型			
FCS	无	无	无
此帧运载的数据总长（字节）			
列出本网中正在发送广播帧的主机 IP 地址（4~5）个			
列出广播帧的主要特征			

七、实验思考题

（1）数据包从本地网络的一台主机经过路由器传送到远程网络中的另一台主机时，本地主机发出的以太网帧，在传输中每经过一个路由器，以太网帧的源和目的 MAC 地址是否会发生变化？为什么？

（2）在一台以太网交换机互连组成的网络中（　），本地主机发出的以太网帧，在传输中每经过一个交换结点，以太网帧的源和目的 MAC 地址是否会发生变化？为什么？

（3）根据 4 种以太网帧结构标准，简述如何区分 4 种以太网数据帧的方法。

（4）上网查找资料，了解以太网中的广播风暴产生的原因及防止方法。

实验 4.3　基于端口的 VLAN 配置与管理

一、实验目的

加深对 VLAN 概念的理解，了解 VLAN 的划分方法和用途。学习基于交换机端口的 VLAN 的配置方法，学习基于三层交换机配置 VLAN 之间互通的方法。

二、知识要点

1．VLAN 的概念

VLAN 是虚拟局域网的简称，是一种把局域网内的交换设备逻辑地而不是物理地划分成一个个网段的技术，划分出来的逻辑网络，具有和物理网络同样的属性。当以太网帧（单播、多播和组播）在一个 VLAN 内转发和扩散时，报文是不会直接进入其他 VLAN 中，即 VLAN 内的各用户（可能位于很多交换机上）能像连接在一个真实的交换机网段内一样互相访问，非本 VLAN 的用户需要通过网络层的路由技术才能访问本 VLAN 内的成员。

应用 VLAN 技术，可以在局域网中很好地控制不必要的广播包的扩散，一定程度上节省了带宽。由于一个 VLAN 的数据不会发送到另外一个 VLAN 中，从而确保该 VLAN 的信息不会被其他 VLAN 的人窃听，增加了安全性。使用 VLAN 构造与物理位置无关的逻辑网络，利于按照企业的组织结构划分虚拟工作组，减少移动和管理网络的成本。

IEEE 于 1999 年颁布了用于标准化 VLAN 实现方案的 802.1q 协议标准草案，从而使网络生产厂商在交换机设备中都实现了 VLAN 协议。配置 VLAN 的具体方法有很多种，常见的主要有：基于端口、基于 MAC 地址、基于网络层和基于 IP 组播。

2．交换机端口的分类和用途

交换机的物理端口是指交换机面板上用于接连网线的接口，一般有 RJ-45 网线接口（称电口），速度分为百兆、千兆和万兆，也有 GBIC 光纤接口（又称光口）。交换机上的二层接口称为 Switch Port，可以通过 SwitchPort 接口配置命令，把一个接口配置为一个 Access 接口（接入接口或非标记端口）或 Trunk 接口（主干端口或标记接口）。Trunk 接口允许多个 VLAN 访问通过，其发出的帧一般是带 VLAN 标签的，故可以接收和发送多个 VLAN 的报文，一般用于交换机之间的连接。Access 接口只能属于一个VLAN，其发送的帧不带有 VLAN 标签，一般用于连接计算机的接口。

三层交换机可视为带有路由功能的二层交换机，二层交换是指由交换机完成的仅判断 MAC 地址的传输。只判断 IP 地址的传输称为三层交换，即路由。可利用三层交换机上的路由功能实现 VLAN 之间的通信，并使 VLAN 之间能够按照访问策略互相访问。

三、实验任务

学习基于交换机端口的 VLAN 划分方法，学习利用三层交换机实现 VLAN 之间的通信。在 Packet Tracer 环境中，基于图 4-1-4 所示的网络拓扑图中，配置每个教室的 5 个接入点，组成逻辑上独立的网段（VLAN，共 16 个），大楼服务器处于一个 VLAN 中。要求教室内的 5 个终端可以相互通信，各个教室之间的终端设备不能相互通信，今后需要时可申请学校网管开通。所有教室内的终端，可访问大楼服务器。图 4-3-1 所示为划分 VLAN 后的网络逻辑结构图。

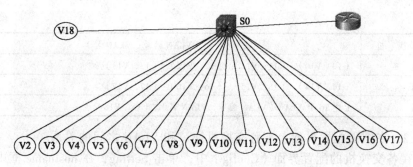

图 4-3-1 划分 VLAN 后的网络逻辑结构图

四、实验环境

软件环境：Cisco Packet Tracer（V7.1.1 版或以上）。

五、实验课时和类型

（1）课时：2课时。

（2）类型：技能训练型。

六、实验内容

1. 在交换机上完成基于端口的 VLAN 创建

步骤1：在图形配置界面完成 VLAN 配置

（1）启动 Packet Tracer 软件，打开实验 4.1 中保存的 Lab4-1.pkt，如图 4-1-4 所示。单击任一台二层交换机，打开如图 4-3-2 所示的交换机配置界面。单击 VLAN Database，显示创建 VLAN 的界面，输入 VLAN 的编号和 VLAN 名，例如（2，V1-2），单击 Add 按钮，完成一个 VLAN 的创建，新建的 VLAN 将显示在按钮下的列表中。注意 VLAN 的编号 1 为系统使用。

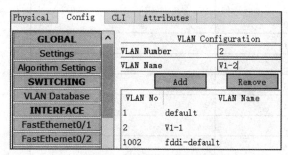

图 4-3-2 交换机图形配置界面

（2）仿照上述操作方法，按表 4-3-1 中所示的信息，在 5 个交换机中，创建 17 个 VLAN。

表 4-3-1 交换机端口和 VLAN

交 换 机	（VLAN 编号，VLAN 名）
二层交换机 - 1	（2，V2）、（3，V3）、（4，V4）、（5，V5）
二层交换机 - 2	（6，V6）、（7，V7）、（8，V8）、（9，V9）

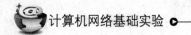

交 换 机	（VLAN 编号，VLAN 名）
二层交换机 – 3	（10，V10）、（11，V11）、（12，V12）、（13，V13）
二层交换机 – 4	（14，V14）、（15，V15）、（16，V16）、（17，V17）
三层交换机	上述 16 个 VLAN（VLAN 编号，VLAN 名）、（18，V18）

步骤 2：在图形配置界面上配置交换机端口和 VLAN 之间的关系

（1）在各交换机的配置界面（Config）中，单击 Setting，在 hostname 框中，修改二层交换机 – 1 交换机的名为 S1，二层交换机 – 2 的名为 S2，二层交换机 – 3 的名为 S3，二层交换机 – 4 的名为 S4；三层交换机的名为 S0。

（2）根据端口的实际连接情况，在表 4-3-2 中记录交换机端口和各个 VLAN 之间的关系。记录方式可参考：若 VLAN 2 中的 5 台终端接入交换机 S1 的 f0/1～f0/5 端口，接入端口栏记为 S1（f0/1～f0/5）。如果 S1 的 f0/21 端口和三层交换机 S0 的 f0/1 端口互连，则两个端口为 VALN 2～VLAN 5 共享的主干端口，在主干端口栏记为 S1（f0/21）、S0（f0/1）。

表 4-3-2　定义交换机端口和 VLAN 之间的分配关系

楼层	VLAN	接入端口	主干端口
1	VLAN 2		
	VLAN 3		
	VLAN 4		
	VLAN 5		
2	VLAN 6		
	VLAN 7		
	VLAN 8		
	VLAN 9		
3	VLAN 10		
	VLAN 11		
	VLAN 12		
	VLAN 13		
4	VLAN 14		
	VLAN 15		
	VLAN 16		
	VLAN 17		
服务器	VLAN 18		

（3）单击二层交换机，在弹出的交换机配置界面上，单击交换机的端口，例如 S1 的 FastEthernet0/1，打开图 4-3-3 所示的端口配置界面。端口类型选择 Access，端口所属的 VLAN 选择 VLAN 2。Access 是接入端口，接入端口直接连接终端，只能分配给单个 VLAN。依据表 4-3-2，在交换机配置界面上依次操作，完成端口和 VLAN 关系的设置。

（4）二层交换机与三层交换机相连的端口，配置为多个 VLAN 共享的主干端口，端口类型选择 Trunk，在 VLAN 列表中选择多项，表明端口将允许多个 VLAN 的访问通过，依据表 4-3-2，在交换机上完成所有 Trunk 端口和 VLAN 关系的配置。

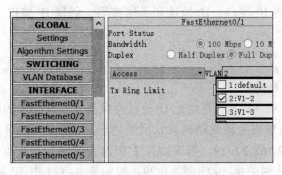

图 4-3-3 分配接口到特定 VLAN 中

2．在三层交换机上配置完成不同 VLAN 之间的通信

步骤 1：定义三层交换机的 IP 接口

（1）完成交换式以太网的 VLAN 划分后，通过简单报文测试，此时，可以看到相同 VLAN 的终端之间能通信，不同 VLAN 的终端之间不能通信。

（2）为了实现 VLAN 2～VLAN 17 中的终端均能和 VLAN 18 中的大楼服务器进行通信，需要三层交换机转发以实现跨 VLAN 之间的通信，实现转发的前提条件是对每一个 VLAN 创建 IP 接口。在表 4-3-3 中，分别对应 VLAN 2～VLAN 18，定义了 IP 接口（IP 地址和子网掩码）。

表 4-3-3 VLAN 接口 IP 地址的定义

楼　层	VLAN 名	IP 接口	IP 地址	终端可用 IP 地址/子网掩码（255.255.255.248）
1	V2	VLAN 2	192.168.2.6/29	192.168.2.1～192.168.2.5/29
	V3	VLAN 3	192.168.2.14/29	192.168.2.9～192.168.2.13/29
	V4	VLAN 4	192.168.2.22/29	192.168.2.17～192.168.2.21/29
	V5	VLAN 5	192.168.2.30/29	192.168.2.25～192.168.2.29/29
2	V6	VLAN 6	192.168.2.38/29	192.168.2.33～192.168.2.37/29
	V7	VLAN 7	192.168.2.46/29	192.168.2.41～192.168.2.45/29
	V8	VLAN 8	192.168.2.54/29	192.168.2.49～192.168.2.53/29
	V9	VLAN 9	192.168.2.62/29	192.168.2.57～192.168.2.61/29
3	V10	VLAN 10	192.168.2.70/29	192.168.2.65～192.168.2.69/29
	V11	VLAN 11	192.168.2.78/29	192.168.2.73～192.168.2.77/29
	V12	VLAN 12	192.168.2.86/29	192.168.2.81～192.168.2.85/29
	V13	VLAN 13	192.168.2.94/29	192.168.2.89～192.168.2.93/29
4	V14	VLAN 14	192.168.2.102/29	192.168.2.97～192.168.2.101/29
	V15	VLAN 15	192.168.2.110/29	192.168.2.105～192.168.2.109/29
	V16	VLAN 16	192.168.2.118/29	192.168.2.113～192.168.2.117/29
	V17	VLAN 17	192.168.2.126/29	192.168.2.121～192.168.2.125/29
服务器	V18	VLAN 18	192.168.2.134/29	192.168.2.129～192.168.2.133/29

步骤 2：配置三层交换机的 IP 接口和终端的 IP 接口

（1）单击三层交换机 S0 进入配置界面，单击 CLI，进入命令行接口配置方式，根据表 4-3-3 列出的 IP 接口、IP 地址和子网掩码，创建 IP 接口，并分配 IP 地址和子网掩码。命令行如下：

```
S0(config)#interface vlan 2
S0(config-if)#ip address 192.168.2.6 255.255.255.248
S0(config-if)#exit
```

（2）连接在某个 VLAN 上的终端的 IP 地址必须属于该 VLAN 的网络地址，该 VLAN 对应 IP 接口的 IP 地址成为该终端的默认网关地址。例如，VLAN 2 对应的 IP 接口地址和子网掩码是 192.168.2.6/29，则 VLAN 2 中的 5 个终端地址可以是 192.168.2.1～192.168.2.5/29，默认网关是 192.168.2.6/29。按照表 4-3-3 中 IP 接口的 IP 地址和终端的 IP 地址/子网掩码，依次为终端配置 IP 参数（若以一台为代表，可配置一台）和大楼服务器配置 IP 参数，如图 4-3-4 所示。

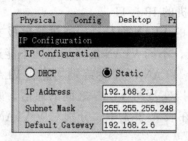

图 4-3-4　终端 IP 参数配置

步骤 3：定义三层交换机主干端口封装格式和启动路由功能

（1）进入三层交换机 S0 的 CLI 配置界面，分别为 4 个主干端口指定 802.1q 封装格式作为经过主干端口输入/输出的 MAC 帧的封装格式。命令格式如下：

```
S0(config)#interface f0/1
S0(config-if)#switchport trunk encapsulation dot1q
S0(config-if)#switchport mode trunk
```

（2）在三层交换机 S0 的 CLI 接口界面中，使用命令：S0(config)#ip routing，启动路由功能。

（3）使用简单报文工具测试，所有 VLAN 的终端之间和大楼服务器之间都能相互通信。若存在不能相互通信的情况，请检查存在的问题并修复。

3．为三层交换机配置访问控制规则

步骤 1：定义访问控制规则和配置

（1）在三层交换机 S0 的 VLAN 2～VLAN 17 的 IP 接口的输入方向上配置如下访问规则，实现各 VLAN 之间的终端不能相互通信。

- 协议=IP，源 IP 地址=any，目的 IP 地址=大楼服务器地址（192.168.2.129）；正常转发。
- 协议=IP，源 IP 地址=any，目的 IP 地址=any；丢弃。

（2）进入三层交换机 S0 的 CLI 接口界面，定义编号为 101 的一组访问控制规则。

```
S0(config)#access-list 101 permit ip any host 192.168.2.129
S0(config)#access-list 101 deny ip any any
```

（3）将 101 号规则应用到 VLAN 2～VLAN 17 的 IP 接口的输入方向，参考命令如下：

```
S0(config)#interface vlan 2
S0(config-if)#ip   access-group
101 in
S0(config-if)#exit
```

步骤 2：测试教室终端和大楼服务器的通信

使用简单报文测试工具测试，记录测试结果到表 4-3-4 中。如果测试中存在 F（Failed），则需要返回之前的步骤，检查并重新配置。

七、实验思考题

（1）交换机的端口配置成 Access 端口或 Trunk 端口，其作用有什么区别？

（2）写出在交换机中创建 VLAN、命名 VLAN、设置端口为 Access 或 Trunk 模式，以及 Access 模式或 Trunk 模式下分配端口到特定的 VLAN 的命令行。

（3）为何需要三层设备才能实现不同的 VLAN 之间的通信？

（4）为何要使用访问控制规则，使得 VLAN 之间不能通信，但终端都能和大楼服务器通信？

表 4-3-4　检测教室内的终端和大楼服务器的联通性

楼层	VLAN	通信测试（S 或 F）	服务器（VLAN 18）
1	VLAN 2		大楼服务器
	VLAN 3		
	VLAN 4		
	VLAN 5		
2	VLAN 6		
	VLAN 7		
	VLAN 8		
	VLAN 9		
3	VLAN 10		
	VLAN 11		
	VLAN 12		
	VLAN 13		
4	VLAN 14		
	VLAN 15		
	VLAN 16		
	VLAN 17		

实验 4.4　小型无线局域网的配置与管理

一、实验目的

通过本次实验，掌握小型结构化无线局域网的基本工作原理和组建方法，配置常用无线路由器（AP）和无线终端，管理无线局域网的安全性。

二、知识要点

1. 无线局域网的定义和标准

无线局域网（Wireless Local Area Network，WLAN）：无线定义了网络连接方式是利用红外线、微波等无线技术。在 1997 年，IEEE 发布了 802.11 无线局域网协议，定义了物理层和媒体访问控制（MAC）协议的规范。随着无线局域网应用的普及，在 802.11 协议基础上形成了 801.11 协议族。

2．组建小型无线局域网

无线局域网的拓扑结构有两种：一种是类似于对等网的 Ad-hoc 模式；另一种是类似于有线局域网中星状结构的 Infrastructure 模式，如图 4-4-1 所示。

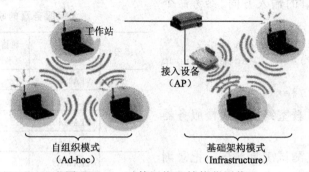

工作站

接入设备
（AP）

自组织模式　　　　　　　　基础架构模式
（Ad-hoc）　　　　　　　　（Infrastructure）

图 4-4-1　对等网络和结构化网络

Ad-hoc 模式是点对点的对等结构，相当于有线网络中的两台计算机直接通过网卡互连，网络中没有集中接入设备（AP），信号是直接在两个通信端点对点传输的，达到资源共享。Ad-hoc 模式只能用于少数用户的组网环境，如 4～8 个，且用户离得足够近。该网络无法接入有线网络中，只能独立使用。

Infrastructure 模式中的无线 AP（Access Point）相当于有线网络中的交换机，起着集中连接无线结点和数据交换的作用。无线 AP 提供了一个有线以太网接口，用于与有线网络设备的连接，例如以太网交换机。无线 AP 有易扩展、便于集中管理、能提供身份验证等优势，数据传输性能也明显高于 Ad-hoc 模式。此外，还可以以它为基本网络结构单元，组建成庞大的 WLAN 系统。

3．Infrastructure 模式无线网络的组建和配置

组建一个 Infrastructure 模式无线网络，最常见的组件包括移动终端设备（如笔记本计算机、智能手机和平板计算机等，移动终端配置无线网卡）和无线访问接入点（AP）。

Infrastructure 模式的一些基本配置包括：无线网络名称（SSID/ESSID）用来区分不同的网络，最多可以有 32 个字符，每个 AP 必须配置一个 SSID，每个移动终端必须与 AP 的 SSID 匹配才能接入到无线网络中。为了保证无线网络通信的安全性，可以选择基于有线等效加密（WEP）的共享密钥的认证和加密技术，或者选择基于无线保护接入（WPA）的加密技术，WPA 是一种比 WEP 更为强大的安全机制，包含了认证、加密和数据完整性校验。

三、实验任务

要求在实验 4.3 的教学楼局域网中，在大楼的一间教师休息室中，组建一个无线局域网，方便上课的教师在课间休息时段，可以上网并使用休息室中的一台无线打印机。

四、实验环境

软件环境：Cisco Packet Tracer（V7.1.1 版或以上）。

五、实验课时和类型

（1）课时：2 课时。

（2）类型：技能训练型。

六、实验内容

组建 Infrastructure 模式的小型无线局域网

步骤 1：在 Packet Tracer 中设计网络拓扑图

（1）启动 Packet Tracer，打开 Lab4-1.pkt 文件，拖放 4 台笔记本计算机（Laptop-PT）和一台打印机到工作区。单击任意一台笔记本计算机，打开配置界面，单击关闭电源开关，将笔记本计算机上的以太网卡拖放到左边的模块区，拆除有线网卡。在模块区中选择 Linksys-WPC300N 无线模块到笔记本计算机上，安装完成后，开启电源。同理，为打印机配置同类型的无线网卡。

（2）选择型号为 WRT300N 的无线路由器设备，拖放到工作区，用直通线连接到三层交换机的以太网接口。无线网络如图 4-4-2 所示。

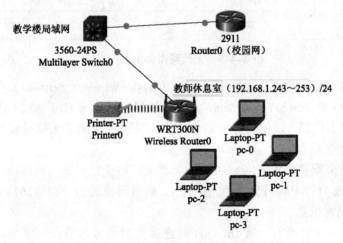

图 4-4-2　小型无线局域网拓扑图

步骤 2：通过 Web 页面管理无线路由器（AP）的基本配置

（1）在图 4-4-2 所示的网络中，添加一台用于配置 AP 的 PC，配置完成后删除。用直通线连接该 PC 到无线路由器上，配置该 PC 的 IP 地址为（192.168.0.2），与无线路由器（默认 IP：192.168.0.1）在同一网段。双击 PC 并切换到 Desktop 选项卡，打开 Web 浏览器，在地址栏里输入 http://192.168.0.1，在打开的一个要求输入密码的对话框中，输入用户名 admin，密码 admin，打开如图 4-4-3 所示的配置界面。

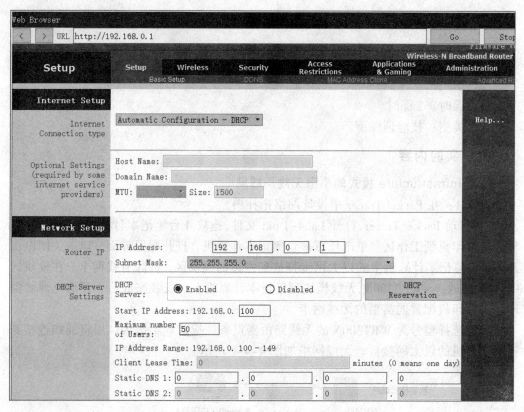

图 4-4-3　无线路由器配置界面

（2）选择 Wireless 选项卡，在基本配置（Basic Wireless Settings）页面，配置网络的名称（SSID）为 Teacher-restroom。设置无线路由器的 SSID 广播（SSID Broadcast）为 Dislabled，即不广播，以便较好地阻止外来人员随意访问该无线局域网。单击 Save Settings，保存配置信息。

（3）进入安全配置（Wireless Security）界面，将安全模式（Security Mode）从禁用（Disabled）改为 WPA2-PSK，使用 AES，将密码设置为 0123456789。单击 Save Settings，保存配置信息。

（4）选择 Setup 选项卡，将 Internet 的连接类型设置为静态 IP（Static IP），将 Internet 的 IP 地址设置为 192.168.2.254/24，网关配置为 192.168.2.253，这样无线路由器便可接入校园网络中。使用默认的 DHCP 服务器的配置，确认 DHCP 服务器已经启动。单击 Save Settings，保存配置信息。在图 4-4-2 所示的网络中，删除 PC。

步骤 3：配置无线终端设备

（1）单击一台移动端设备打开配置页，选择图形配置界面（config），选择无线（Wireless0），打开如图 4-4-4 所示的配置页面，在 SSID 文本框中输入网络名称，如 Teacher-Restroom，选择 WEP 认证模式，选择 WEP 密钥，例如 0123456789。

（2）也可通过选择 Desktop 选项卡，单击无线 PC（PC Wireless），打开如图 4-4-5 所示的配置页。选择 Profiles→Edit→Advanced Setup，配置 SSID 名，选中 DHCP，选择 WEP 认证模式，选择 WEP 密钥，例如 0123456789。

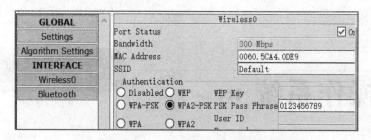

图 4-4-4 配置无线终端设备

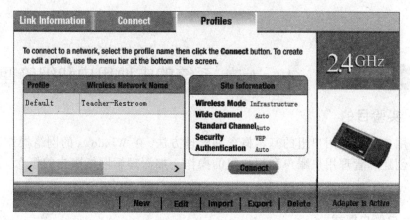

图 4-4-5 PC 配置页面

步骤 4：用 ping 命令测试无线网络工作状况

单击一台移动端设备，打开配置页，选择 Desktop 界面，打开一个命令行接口（Command Prompt）界面，按照表 4-4-1 中的要求，输入 ping 命令，测试移动端和 AP 之间的连通性，例如 ping 192.168.0.1，记录测试结果。

表 4-4-1 检测无线网络连通性

项 目	检 测 命 令	状态（通/不通）
移动端设备和 AP 的连通性		
两台移动端设备之间		
移动端设备和网上打印机		
移动端设备和路由器（192.168.2.253）		

七、实验思考题

（1）如何将 SSID 设置为非默认的，例如 SSID=office，简述操作步骤。

（2）要让教师休息室内的移动设备也能访问大楼的服务器，如何实现？是否可以通过 VLAN 技术来实现？简述实现过程。

（3）在 WEP 加密技术中，使用 64 位密钥和 128 位密钥，带来的加密强度有何差异？

（4）无线宽带路由器在配置时，因特网地址和局域网地址各自的作用是什么？它们可以是相同的吗？

第 5 章

网络操作系统 ‹‹‹

实验 5.1 Windows 系统的本地用户和组管理

一、实验目的

了解用户账户和用户组的基本概念和管理方法，在 Windows 的网络操作系统环境下，通过创建和管理用户账户和用户组的操作，加深理解网络账户的概念。

二、知识要点

1. 用户账户概述

用户账户（简称用户）是辨别计算机或网络资源使用者身份的标识，是一种数据对象（Object），包括使用者的各种必要信息，如用户名、密码、所属的用户组、用户访问计算机和网络资源的权力和权限、描述信息和配置文件等。用户账户类型可分为本地用户账户和域用户账户，两者在应用中的主要区别如图 5-1-1 所示。

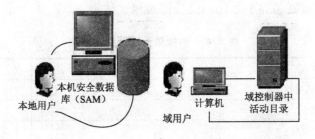

本机安全数据库（SAM）

本地用户

计算机

域用户

域控制器中活动目录

图 5-1-1　本地用户和域用户的主要区别

本地用户账户（Local User Account）的信息存储在本计算机的安全账户数据库（SAM）中，在本地计算机上进行身份认证。当用户登录到本机时，系统通过账户来确认用户身份，并赋予用户对本地资源的访问权限。Windows 系统安装后，会自动建立两个内置的本地用户账户，分别是 Administrator 账户和 Guest 账户。域用户账户（Domain User Account）的信息驻留在域控制器的活动目录数据库内，当用户登录到域时，在域控制器上进行身份认证，确认后赋予用户对网络资源的访问权限。具有域管理员权限的用户可在域控制器上通过"Active Directory 用户和计算机"创建和管理域用户账户。具有本机管理员权限的用户可通过"计算机管理"或"本地用户和组"创建和管理本地用户账户。

2．Administrator 账户和 Guest 账户

Administrator（管理员）账户是对计算机具有完整控制权的账户，可以管理整个计算机系统。管理员账户永远不能被删除和禁用，确保用户永远不可能通过删除或禁用管理员账户而将自己锁定在计算机之外，但可以将其重命名。Guest（来宾）账户是为临时访问计算机的用户提供的，只有很少的权限。Guest 账户不能被删除，可以更改名字，默认情况下是被禁用的。

3．用户组概述

为了简化用户的管理工作，系统在用户账户的基础上，提出用户组的概念。可以将若干用户账户加入到用户组中，只需给用户组设置对资源的权限，组中的用户就会自动拥有此权限。

计算机上的用户组可分为：内置本地组和本地用户组。在安装 Windows 系统时，系统自动内置一些本地组（即内置本地组），这些组被赋予一定的权限来管理本地计算机，包括 Administrators（管理员）组、Backup Operators（备份操作员）组、Powers（超级用户）组和 Users（用户）组等。只有 Administrators 组或 Power Users 组的成员才能创建本地组。本地用户组的信息存储在本机的安全账户数据库（SAM）中，本地用户组只包含本地用户账户。

4．用户配置文件概述

用户配置文件（User Profile）是存储当前桌面环境、应用程序设置以及个人数据的文件夹和数据的集合，包括登录到某台计算机所建立的网络连接。根据工作环境的不同，Windows 支持 3 种类型用户配置文件：本地用户配置文件（Local User Profile）、漫游用户配置文件（Roaming User Profile）和强制用户配置文件（Mandatory User Profile），漫游与强制用户配置文件只适合于域用户账户使用。

当用户第一次登录计算机时，Windows 系统就会自动在本地磁盘（%SystemDriver%\用户）文件夹中为该用户建立一个本地用户配置文件，以用户名命名，用户的工作环境等设置会被存储在此文件夹内。用户再次登录时，系统会用此文件夹中的内容来设置用户的工作环境。

系统还提供默认本地用户配置文件和所有用户配置文件。为首次登录计算机的用户创建用户配置文件时，是将默认用户配置文件内容复制到新用户配置文件中。而每个用户账户的用户配置选项是本人的用户配置文件夹配置选项和所有用户配置文件夹配置选项的累加结果。默认用户配置文件和所有用户配置文件的属性是隐藏的。

三、实验任务

（1）创建本地用户账户和本地用户组。
（2）管理本地用户账户和本地用户组。
（3）管理本地用户配置文件。

四、实验环境

软件环境：安装了 Windows 操作系统，本实验以 Windows Server 2008 系统为例进行讲解。

五、实验课时和类型

（1）课时：2课时。

（2）类型：技能训练型。

六、实验内容

1.创建本地用户账户和本地用户组

用户在 Windows 系统中，用具有管理员权限的账户登录，按照表 5-1-1 所示，创建 3 个本地用户账户和 2 个用户组，其中 tutor 用户具有系统管理员权限，而 stu01、stu02 为普通用户。

表 5-1-1　用户账户和组列表

用户或组名	全　名	描　述	密　码	密　码　策　略
tutor	胡红	本地系统管理员账户	Tutor01	用户不能更改密码、密码永不过期
stu01	李鸿	本地用户访问账户	Stu0101	选用默认选项(第一次登录时必须修改密码)
stu02	张兵	本地用户访问账户	Stu0202	同上
Students		学生组，成员有 Stu01、Stu02、Tutor		
Teachers		辅导老师组，成员有 Tutor		

步骤 1：创建本地用户账户

（1）用管理员账户登录，在"管理工具"中选择"计算机管理"，打开计算机管理控制台。

（2）在计算机管理控制台的左侧窗格中，依次展开"系统工具"→"本地用户和组"→"用户"，即可在中部窗格中查看当前计算机的内置账户名称，将相关信息记录在表 5-1-2 中。

表 5-1-2　用户账户和用户组的隶属关系

用户账户类型	用　户　名	用户隶属的组名	用户配置文件（名称/大小）
内置本地用户账户			
新建本地用户账户			

（3）右击"用户"图标，在弹出的快捷菜单中选择"新用户"命令，打开"新用户"对话框，如图 5-1-2 所示。在对应的栏目中输入用户名、密码等信息后，根据需要选中"用户不能更改密码""密码永不过期"复选框，然后单击"创建"按钮，完成一个账户的创建。

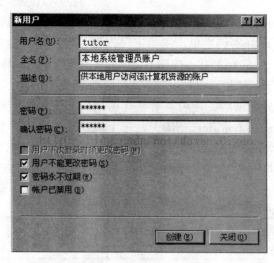

图 5-1-2　新建用户账户

（4）依次完成 3 个本地账户的创建，单击"关闭"按钮，返回计算机管理控制台，即可在中间窗格中看到 3 个新创建的用户账户名出现在列表中。

步骤 2：创建本地用户组并添加用户账户

（1）单击"组"文件夹，中部窗格中列出当前计算机中内置本地组的名称。

（2）右击"组"图标，在弹出快捷菜单中选择"新建组"命令，打开"新建组"对话框，输入用户组名及描述信息。同时，可单击"添加"按钮，选择指定的用户账户，添加为该组成员，然后单击"创建"按钮。在完成 2 个用户组的新建后，单击"关闭"按钮，返回计算机管理控制台，在中间窗格中可以看到 2 个新创建的本地用户组名。

（3）因 tutor 用户具有系统管理员权限，需要加入管理员组。在用户组列表中右单击 Administrators，在弹出的快捷菜单中选择"属性"命令，打开其属性对话框，单击"添加"按钮，从本机搜索所有用户账户，选择 tutor。添加后，该用户名出现在默认管理员组的成员列表中。

（4）在本地用户账户列表中，右击用户名，在弹出的快捷菜单中选择"属性"命令，打开用户属性对话框，切换到"隶属于"选项卡，查阅各用户所属的用户组名，记录在表 5-1-2 中。

（5）打开"控制面板"窗口，单击左侧的"系统和安全"选项，在系统和安全选项界面中，选择"系统"。在系统选项界面中，单击左侧的"高级系统设置"，打开系统属性对话框，单击"高级"→"用户配置文件"→"设置"按钮，即可查看本地用户配置文件信息，记录在表 5-1-2 中（若无对应的记录项，标记为无）。

步骤 3：用新建的账号登录本机

（1）退出管理员账户，（注意在不同系统下，退出步骤有差别，例如，在 Windows Server 2008 系统中，可通过注销操作；在 2012/2016 系统中，按【Ctrl+Alt+Del】组合键可快捷进入账户切换）分别使用 3 个新建的用户账户（stu01、stu02、tutor）登录。

（2）在 stu01、stu02 的登录界面中，在用户栏中输入 stu01，单击"确定"按钮进入密码的更改。更改好密码，单击"确定"按钮，进入用户的桌面工作环境。观察并将相关信息记录在表 5-1-3 中。按序完成 stu01 账户、stu02 账户和 tutor 账户的登录。观察其桌面工作环境配置，将相关信息记录在表 5-1-3 中。

（3）当 tutor 账户登录后，还可查看新建的用户账户和用户组在系统内部所使用的安全标识符（Security Identifier，SID），每个用户账户和用户组都对应一个唯一的安全标识符，可在命令提示符状态下输入"whoami /all"命令，在表 5-1-3 中记录相关的 SID。查看用户配置文件名称和大小，将相关信息记录在表 5-1-3 中。

表 5-1-3　用户账户的登录和配置文件信息

用 户 账 户		列出桌面工作环境上的配置项名称	安全标识符（SID）	用户配置文件名称和大小
用户名	登录密码			
stu01				
stu02				
tutor				

2．管理本地用户账户和用户组

步骤 1：重命名并禁用 Administrator 账户

（1）在 tutor 账户登录环境中，右击 Administrator 账户，在弹出的快捷菜单中选择"重命名"命令，输入新的用户名，例如 T-user。

（2）双击该账户，在弹出的"T-user 属性"文本框中选择"常规"选项卡，选中"账户已禁"复选框，单击"确定"按钮。通过重命名并禁用 Administrator 账户，增加恶意破解系统默认管理员账户的难度。

步骤 2：加固用户账户

（1）设置密码策略。在"管理工具"中选择"本地安全策略"，打开"本地安全策略"窗口，如图 5-1-3 所示。展开左侧窗格中的"账户策略"，单击"密码策略"。在右侧窗格中，启用"密码必须符合复杂性要求"，设置"密码长度最小值"为 8 个字符，设置"密码最长使用期限"为 42 天，设置"密码最短使用期限"为 3 天，设置"强制密码历史"为 12 个记住的密码，禁用"用可还原的加密来储存密码"。

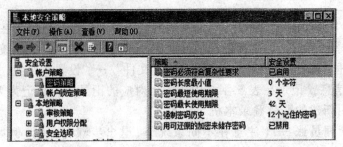

图 5-1-3　设置密码策略

（2）设置账户锁定策略。单击"账户锁定策略"，设置"账户锁定阈值"为 5 次无效登录，并单击"确定"按钮。"复位账户锁定计数器"会自动更改为"30 分钟之后"，"账户锁定时间"会自动更改为"30 分钟"，单击"确定"按钮。采用加强密码和输错一定次数锁定账户登录的方式，可以提升账户的安全性。

步骤 3：重新设置用户账户的密码

打开"计算机管理"控制台的用户列表，右击需更改密码的用户账户，在弹出的密码重置警示对话框中单击"继续"按钮，打开密码设置对话框，按照密码约束规则，两次输入完全一致的新密码，单击"确定"按钮，即可完成密码的重置。为 3 个用户账户重置密码，并记录在表 5-1-4 中。

表 5-1-4　用户的安全密码

用　户　名	新　密　码	简述新密码的设置方法（例如长度、字母组合）
stu01		
stu02		
tutor		

步骤 4：删除用户账户和用户组

（1）在用户列表中，右击需删除的用户账户，在弹出的快捷菜单中选择"删除"命令，在打开的删除用户警示对话框中单击"是"按钮，即可完成对该账户的删除。现假设 stu02 的用户账户的使用者要毕业离校了，需要将该账户删除，请完成此操作并记录操作步骤。

（2）当系统管理员需要删除一些用户组时，可在用户组列表中右击需要删除的用户组名，在弹出的快捷菜单中选择"删除"命令。删除用户组是不会将该组的成员账户删除的。

3．管理本地用户配置文件

步骤 1：定义 Default 配置文件来定制统一的新用户配置

（1）管理员可自定义这个文件，以便让本地用户账户第一次登录时，拥有统一的工作环境。例如，将某个自定义好的用户的配置文件复制到%SystemDrive%\Users\Default配置文件夹。

（2）在桌面上创建一个快捷方式到 mspaint.exe（画图软件），将该快捷方式剪切到 Default 配置文件的%SystemDriver%\Users\Default\Desktop（桌面）中。

（3）新建用户账户并第一次登录系统，其桌面上都会出现画图软件的快捷方式。创建一个新的用户账户 Stu02，登录并验证结果。

步骤 2：定义 All User 配置文件来定制全部用户的配置

（1）管理员可定义 All Users 文件夹，其作用是存储"作用到所有用户工作环境"的相关配置。切换到用管理员账户（tutor）登录，在桌面上创建计算器（calc.exe）的一个快捷方式，剪切到%SystemDriver%\Users\ all Users \Desktop（桌面）文件夹中。

（2）切换用户账户 stu01、stu03、tutor 登录，验证结果。观察各用户的桌面环境，将相关信息记录在表 5-1-5 中，观察各用户账户对应的安全标识符并记录在表 5-1-5 中。

表 5-1-5 检查用户桌面和 My pictures 中的内容

用 户 名	列出桌面工作环境上的配置项名称	安全标识符（SID）
stu01		
stu03		
tutor		

七、实验思考题

（1）实验中创建的 3 个本地用户账户 stu01、stu02 和 tutor，在第一次登录时，其登录过程有何异同点？

（2）请问用户组 Teachers 和 Students 中的成员账户能完成以下哪些功能？"注销"、"关机"、"重新启动"和使用 Shutdown.exe 命令关闭计算机。

（3）用户账户的密码复杂性的要求是什么？如果用户账户登录时被锁定后，解释如何能使其恢复正常登录？

（4）简述两种系统默认配置文件 Default User 和 all Users 的作用有什么不同。

实验 5.2 Linux 系统的用户和组管理

一、实验目的

通过本次实验，理解 Linux 操作系统中用户和用户组的概念，掌握用户和用户组的创建和管理方法。

二、知识要点

1. 用户概述

在 Linux 操作系统中，每个文件和程序必须属于某一个用户，每个用户都有唯一的身份标识（用户 ID 或 UID），根据用户的权限不同，用户分为 root 用户、系统用户和普通用户。

root 用户（也称为根用户或超级用户）是在 Linux 系统安装时自动创建的，UID 为 0。对系统拥有完全的控制权限，能够访问系统中全部的文件和程序，可以运行任何命令，比 Windows 的系统管理员（administrator）的功能更强。

系统用户是 Linux 运行某些服务程序所必须调用的用户身份，例如 apache、mysql、mail 和 sshd 用户等。系统安装完成后默认添加这些用户，不能用于登录。

普通用户是使用创建用户命令添加的用户，UID 为 500~60000。对系统文件的访问受限，只能访问他们拥有的或者有权限的文件，不能执行全部 Linux 命令。

2. 用户组概述

Linux 支持用户组，用户组就是具有相同特征的用户的集合。一个组可以包含多个用户，每个用户至少需要属于一个用户组，也可以归属于多个用户组。每个用户组有一个唯一的身份标识（用户组 ID 或 GID），用户组可方便管理员对用户进行集中管理，新建用户默认归属于其同名的用户组。系统有 3 种类型用户组：用户组、系统管理员组和系统默认定义的组。其中，用户组是系统管理员按照用户共享文件的需要而创建的，系统管理员组（system）的成员可以直接执行某些系统管理任务。

3．与用户和用户组相关的 3 个文件

用户相关的信息存放在/etc/passwd 系统文件中，文件中一行记录对应着一个用户，记录的格式为"用户名:密码位:UID:GID:注释性描述:主目录:登录 Shell"。用户密码保存在/etc/shadow 系统文件中，/etc/shadow 中的记录行和/etc/passwd 中的一一对应，只有 root 用户可访问 shadow 文件。记录格式为"用户名:加密密码:最近一次密码修改时间:最小修改密码的时间间隔:密码有效期:密码需要变更前的警告天数:密码过期后的宽限时间:账户失效时间:保留字段"。用户组的所有信息都存放在/etc/group 系统文件中，文件中一行记录对应着一个用户组，格式为"组名:口令:组标识号:组内用户列表"，组口令一般忽略。

4．用户和用户组管理

在 Linux 系统中，可以使用图形化用户管理器来方便地管理用户，类似于 Windows 下的用户账户管理，也可以使用 Linux 系统的命令集。只有 root 用户可以进行用户、用户组的创建和管理。普通用户可通过 su 和 sudo 命令获得 root 用户的权限。只有指定了口令的用户账户才能使用，指定和修改用户口令的命令是 passwd。

用户和用户组的管理主要涉及添加、修改和删除。一些常用的管理用户和组的基本命令为 useradd（添加用户）、usermod（修改用户信息）、userdel（删除用户）、groupadd（添加用户组）、groupmod（修改用户组信息）和 groupdel（删除用户组）。

三、实验任务

（1）使用命令管理 root 用户。
（2）使用命令管理普通用户和用户组。

四、实验环境

软件环境：安装了 Linux 操作系统，本实验以 Ubuntu Server 系统为例，例如，在 VMware Workstation 上安装 Ubuntu Server 操作系统。

五、实验课时和类型

（1）课时：2 课时。
（2）类型：技能训练型。

六、实验内容

1．使用命令管理 root 用户

步骤 1：设置 root 密码和切换 root 用户

（1）Ubuntu 系统默认为普通用户登录、不启用 root 用户（出于安全考虑，默认是 root 用户被系统锁定，无法使用，为其指定密码后才能使用），用系统安装时设置的普通用户账户登录（该用户可用 sudo 命令为 root 用户设置密码），此时命令行的提示符显示为$。

（2）输入为 root 用户设置密码的命令 $ sudo passwd root，在系统提示信息下，输入该用户的登录密码，等待系统认证通过。再根据系统提示信息，重复 2 次输入 root 用户的新密码（qaz1-2wsx）。

（3）切换到 root 用户 $ su root，根据提示信息输入 root 密码，切换到 root 用户登录后，命令行的提示符显示为 # 。

步骤 2：root 用户的安全管理

（1）用 useradd 命令和 passwd 添加一个普通用户，例如，用户名为 tutor、密码为 tutor-01，输入命令# useradd tutor。输入命令#passwd tutor，根据提示重复输入密码（tutor-01），完成一个普通用户的创建。

（2）为普通用户赋予 root 权限。使用 vi 编辑命令，修改/etc/sudoers 文件，输入命令# vi /etc/sudoers 。输入命令 i 进入插入（INSERT）模式，在文本中找到一行 root ALL=(ALL) ALL，在此行后面输入回车，添加一行新文本：tutor ALL=(ALL) ALL。

（3）按【Esc】键，从插入模式切换到命令行模式，输入命令 wq，修改完毕退出。若切换到 tuto 用户登录后使用 sudo － ，可在普通用户提示符下获得 root 权限下的操作。例如，sudo useradd user1，可添加用户 user1。

（4）锁定口令以禁用 root 用户。输入命令#passwd –l root。（备注：选项（–l）是指锁定口令/选项（–u）是指口令解锁）。输入#exit 退出 root 用户后，root 用户就不能登录。

2．使用命令管理普通用户和用户组

步骤 1：创建普通用户和用户组

（1）输入 exit，退出其他用户登录，切换到 tutor 用户登录。使用命令 useradd，命令格式为：

```
useradd [选项] username
```

（2）创建 stu01 用户，主目录为/home/stu01，用户密码是 stu0101。输入命令：

```
$ sudo useradd -d /home/stu01 -m stu01
```

系统要求输入原用户密码，等待认证通过后，再输入命令 $ sudo passwd stu01，重复 2 次输入用户密码，创建完成。再创建 stu02 用户，主目录为/home/stu02，用户密码是 stu0202。

（3）创建 stu03 用户，主目录为/home/stu03，Shell 是/bin/bash，密码是 stu0303。创建完成后，在表 5-2-1 中记录创建用命令。

表 5-2-1 创建 stu03 用户的命令

用　户　名	密　　码	创建用户命令（useradd, passwd）
stu03	stu0303	

（4）输入命令 $ sudo groupadd Teachers，创建用户组 Teachers 和 Student。

（5）输入命令 $ cat /etc/passwd，列出系统中各类用户账户的详细信息（若无就不填写）。观察以 root、tutor、stu01、stu02 和 stu03 开头的行，将相关信息填入表 5-2-2

中的第 3～7 列中。所属的用户组名，可以查阅/etc/group 文件。输入命令\$ sudo cat /etc/shadow，观察以上述用户名开头的行，将相关信息填入表 5-2-2 中的第 8 列中。

表 5-2-2　新建普通用户和用户组信息

用　　户		UID	GID	所属的用户组名	主目录	登录 Shell	密码有效期（天）
用户名	密码						
root	qaz1-2wsx						
tutor	tutor-01						
stu01	stu0101						
stu02	stu0202						
stu03	Stu0303						

步骤 2：修改用户信息

（1）可以用 usermod 命令，修改用户信息。命令格式为：

`usermod [选项] username`

当前登录用户为 tutor，需要通过 sudo 命令来执行 usermod 命令。依据表 5-2-3 列出的信息，完成用户信息的修改。

表 5-2-3　修改用户信息

用　　户	新的属性				
	新用户名	新　密　码	加入多个用户组	新主目录	新的登录 Shell
tutor		tutor-all	Teachers,Student		
stu01	student01	student01	Student	/home/student01	/bin/sh
stu02	student02	student02	Student	/home/student02	/bin/sh

（2）修改用户名。输入命令\$ sudo usermod –l student01 stu01，修改 stu01 的用户名为 student01，再将 stu02 修改为 student02。

（3）加入多个用户组。输入命令\$ sudo usermod –G Teachers,Student tutor，将 tutor 用户加入 Teachers 和 Student 组。依次将 students01、student02 加入 Student 组。

（4）修改主目录。输入命令\$ sudo usermod –d /home/student –m student01，student01 的主目录替换成/home/student01，再修改 student02 的主目录。

（5）修改新的登录 Shell。输入命令\$ sudo usermod –s /bin/sh student01，student01 的登录 Shell 为/bin/sh，再修改 student02 的登录 Shell。

（6）修改密码。当前用户修改自身密码时，输入命令\$ passwd，系统先询问原口令（tutor-01），验证通过后再 2 次重复输入新口令（tutor-all），完成后新口令将指定给用户。若为其他用户修改密码时，需要输入命令\$ sudo passwd student01。

步骤 3：删除和禁用用户账户

（1）当某些用户账户不再使用时，可以用 userdel 命令将其删除，命令格式为：

`userdel [选项] 用户名`

例如，\$ sudo userdel –r stu03，执行命令后，系统删除 stu03 用户时，同时将 stu03

的目录和目录中的文件一并删除。

（2）有时需要临时禁用一个用户而不删除它，可以用命令 usermod 加选项–L，恢复时加选项–U。例如，$ sudo usermod –L Student01，Student01 用户被临时禁用不能登录。

步骤 4：修改用户组

（1）修改用户组的属性使用 groupmod 命令，命令格式为：

```
groupmod [选项] groupname
```

例如，将 Student 组名改为 Students。输入命令：groupmod –n Student Students。

（2）用 groupmod 命令将 Students 组的 GID 改为 10003。命令格式为：

```
groupmod -g 10003 Students
```

（3）groupdel 命令，删除已有的 Students 用户组。命令格式为：

```
groupdel Students
```

七、实验思考题

（1）请查阅资料，解释 useradd 命令中可用的选项和作用。

（2）使用 useradd 命令，增加新用户 user1 到 Students 组中，用户主目录：/home/student，密码为 student，写出正确的命令。

（3）使用 adduser 命令，增加新用户 user2 到 Students 组中，用户主目录：/home/user2，密码为 student，写出正确的命令。

（4）运行命令 useradd username 命令后，系统除了新增一个名为 username 的用户外，还会自动执行哪些操作？使用 adduser 命令创建用户，系统会自动执行哪些操作？

（5）请上网查阅资料，了解 Linux 系统中有哪些较著名的可进行用户管理的图形工具。

实验 5.3　Windows 系统的文件管理

一、实验目的

了解 Windows 的 NTFS 文件系统的安全性、稳定性和可靠性，学习 Windows 的 NTFS 文件系统下的文件和文件夹的安全设置，加深理解文件和文件夹的 NTFS 权限概念。

二、知识要点

要在一台计算机上安装 Windows Server 操作系统，磁盘的分区需要格式化成 NTFS 文件系统。NTFS 文件系统提供的访问权限相当精细和丰富，其中最主要的 NTFS 权限包括"完全控制"、"修改"、"读取和执行"、"列出文件夹目录"、"读取"及"写入"。

NTFS 在基本访问权限管理基础上，可以结合所有者功能、继承权限和权限的组合，提供更复杂的访问权限管理。文件或文件夹的所有者不一定就是创建者，所有者可以是任何能够对文件或文件夹进行控制的账户，所有者可以指派访问权限，并可以给其他用户指派获得该文件或文件夹所有权的权限。

Windows 中文件或文件夹的权限一般有两种类型：显式权限和继承权限，继承是自动进行的，显式权限的优先级要比继承权限高。在 Windows 中，用户对文件或文件夹的最终权限是各个用户和相关用户组的权限的累加，若所有相加权限中有一项是拒绝权限，那么最终权限就以这个拒绝权限为优先。NTFS 的权限管理提供对文件或文件夹的保护，而对应的审核功能可进一步监控文件或文件夹的访问。

为了更好地保护用户的文件和文件夹，Windows 的 NTFS 文件系统还提供了加密文件系统（EFS），能使用户在本地计算机上给指定文件或文件夹加密，为本地存储的数据添加保护。由于 EFS 的加密机制已经内置在文件系统中，故加密操作对用户是透明的。在使用 NTFS 权限时可同时用 EFS 对数据进行加密，可实现更好地保护用户的数据。

NTFS 还提供对特定的文件和文件夹的压缩存储功能，在压缩一个文件夹后，添加或复制到该文件夹中的新文件都会被自动压缩，如果将其移动到未被压缩的文件夹或其他分区，文件会被自动解压。但系统无法同时使用压缩和加密功能，只能使用其中一种。

三、实验任务

（1）实现文件和文件夹的权限管理。
（2）实现较为复杂的文件和文件夹的权限管理。
（3）对特定文件和文件夹加密和压缩操作。

四、实验环境

软件环境：安装了 Windows 操作系统，本实验以 Windows Server 2008 系统为例进行讲解。

五、实验课时和类型

（1）课时：2 课时。
（2）类型：技能训练型。

六、实验内容

1. 实现文件和文件夹的权限管理

步骤 1：创建账户、取消文件夹的继承权限

（1）以 Administrator 账户登录，新建文件夹 C:\A，新建一个 admin123 账户，默认属于 Users 用户组。A 文件夹中存放了 admin23 所属的文件，要求 admin123 账户对 A 文件夹进行完全控制，其他 Users 组成员无法访问。

（2）右击 A 文件夹，在弹出的快捷菜单中选择"属性"命令，在打开的属性对话框中选择"安全"选项卡，如图 5-3-1 所示。单击"高级"按钮，在打开的"高级安全设置"对话框中，取消勾选"包括可从该对象的父项继承的权限"复选框，在后续弹出"安全"提示框，单击"复制"按钮，保持原权限。在高版本的 Windows 系统中，通过单击"禁用继承"按钮，在弹出的提示框中，选择确认默认设置。

步骤 2：去掉 Users 组对 A 文件夹的权限

在 A 文件夹的"安全"选项卡中，单击"编辑"按钮，打开 A 文件夹的权限设置对话框，选中 Users 组，单击"删除"按钮，即不允许 Users 组账户对 A 文件夹的

任何访问。

步骤 3：增加 admin123 账户 A 文件夹的安全控制权限

（1）在 A 文件夹的权限设置对话框中，单击"添加"按钮，在打开的"选择用户或组"对话框中，输入 admin123，单击"确定"按钮。

（2）选中"允许"下的"完全控制"复选框，单击"确定"按钮，完成操作，如图 5-3-2 所示。

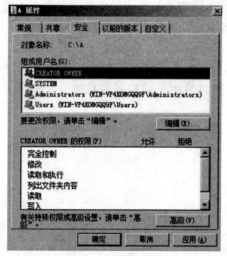

图 5-3-1 "安全"选项卡

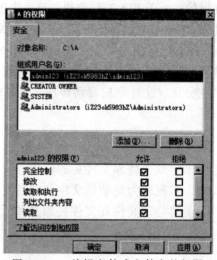

图 5-3-2 编辑文件或文件夹的权限

步骤 4：测试文件夹的访问权限

创建一个账户 student，默认为 Users 组成员。分别用 admin123、student 登录，测试对文件夹 A 的访问，将结果（允许或不允许）记录在表 5-3-1 中。

表 5-3-1 测试文件夹的访问权限

账　　户	列出 A 文件夹内容	在/A 目录中创建一文本文件	复制该文本文件到 C 盘根目录下	删除该文本文件
admin123				
student				

2．实现较为复杂的文件和文件夹的权限管理

步骤 1：创建账户、取消文件夹的继承权限

（1）以 Administrator 账户登录，在 C 盘下新建 B 文件夹，新建 3 个用户账户 student1、student2，默认属于 Users 组。在 C:\B 下创建文件夹 A1、B1 和 Public，A1 和 B1 文件夹分别是 student1 和 student2 的专属文件夹，其他用户都无法访问。所有 Users 组成员都可在 Public 文件夹下修改文件，但无法删除 Public 文件夹下的文件。

（2）取消 A1、B1 和 Public 文件夹的继承权限，具体操作方法参考实验内容 1 中的步骤 1。

步骤 2：设置 A1、B1 文件夹的访问权限

（1）在 A1 文件夹"属性"对话框的"安全"选项卡中，单击"编辑"按钮，打

开"A1 的权限"对话框。选中 Users 用户组,单击"删除"按钮,删除 Users 组。如果有其他默认组存在,也一一删除。

(2)单击"添加"按钮,输入用户账户名称 student1,单击"确定"按钮,选中"允许"下"完全控制"复选框,最后单击"确定"按钮完成设置。

(3)用与(1)和(2)相似的操作,完成设置 B1 文件夹的访问权限。

步骤 3:设置 Public 文件夹的访问权限

在 Public 文件夹"属性"对话框的"安全"选项卡中,单击"高级"按钮,打开"高级安全设置"对话框的"权限"选项卡,选中 Users 组,单击"编辑"按钮,在打开的"权限项目"对话框中,取消选中"删除"和"删除子文件夹及文件"的"允许"复选框,单击"确定"按钮完成设置。设置结果如图 5-3-3 所示。

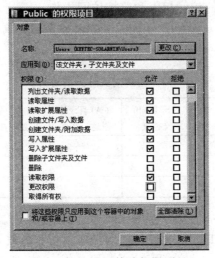

图 5-3-3　设置特殊权限项目

步骤 4:审核文件和文件夹的访问

(1)在"管理工具"中,选择"本地安全策略"命令,打开"本地安全策略"窗口,在左侧的"本地策略"结点中选择"审核策略",对应的"审核对象访问"等明细项显示在右侧窗格中,如图 5-3-4 所示。

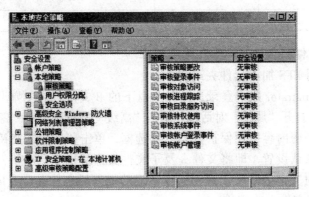

图 5-3-4　"本地安全策略"窗口

（2）双击"审核对象访问"选项，打开"审核对象访问属性"对话框，在"审核这些操作"选项下，同时选中"成功"和"失败"两个复选框，即可对成功或失败的文件或文件夹的访问进行审核，单击"确定"按钮，完成审核功能的启用。

（3）打开被审核文件夹 A1 的"安全"选项卡，参见图 5-3-1。单击"高级"按钮，打开文件或文件夹的"高级安全设置"对话框，选择"审核"选项卡，单击"编辑"按钮，进行查看和管理审核操作。

（4）单击"添加"按钮，添加 everyone 组，然后在"审核项目"对话框中设置需要审核的操作。例如，选中"完全控制"选项对应的失败下的复选框，即可设置审核对 A1 文件夹各种失败的操作。重复（3）和（4）配置审核 Public 文件夹中的"删除"和"删除子文件夹及文件"的成功和失败操作。

步骤 5：测试文件夹的访问权限和监控访问操作

（1）分别用 student1、student2 和 administrator，测试对文件夹的访问，将结果（允许或不允许）记录在表 5-3-2 中。

表 5-3-2　用户对文件夹的访问测试

账　户	列出 A1 文件夹	列出 B1 文件夹	列出 Public 文件夹	在 A1 目录中创建一文件	在 B1 目录中创建一文件	复制该文件到 Public 目录	删除所有文件
student1							
student2							
administrator							

（2）打开事件查看器，查阅系统安全日志，阅读对 A1 文件夹的访问操作失败而导致失败的事件记录、对 Public 文件的访问操作成功和失败导致的事件记录，摘录信息在表 5-3-3 中。

表 5-3-3　安全事件记录

事件 ID	账　户　名	记　录　时　间	说　　　明

3．对特定文件和文件夹加密和压缩操作

步骤 1：使用 EFS 加密文件夹或文件

（1）以 Administrator 账户登录，右击 C 盘下的 B 文件夹，在弹出的快捷菜单中选择"属性"命令，打开"属性"对话框。单击"高级"按钮，打开"高级属性"对话框。

（2）选中"加密内容以便保护数据"复选框，单击"确定"按钮，在弹出的警告对话框，可接受默认设置（即将文件夹及子文件夹都应用该选项），单击"确定"按钮。系统便完成对文件的加密或解密操作。成功加密后文件夹会变成绿色。

步骤 2：压缩文件夹或文件

（1）右击 C 盘下的 A 文件夹，在弹出的快捷菜单中选择"属性"命令，打开"属

性"对话框。单击"高级"按钮,打开"高级属性"对话框。

(2)选中"压缩内容以便节省磁盘空间"复选框,单击"确定"按钮,在打开的警告对话框中可接受默认设置(即将文件夹及子文件夹都应用该选项),单击"确定"按钮。

七、实验思考题

(1)简述 NTFS 文件的访问权限和文件夹的访问权限有哪些不同,请举例说明。

(2)假设 Alice 是 Users 组的一员,如果 Users 组对 B 文件夹具有读取权限,且 Alice 又是 Supports 组的一员,Supports 组对 B 具有写入权限,请问 Alice 对 A 文件夹最终将具有怎样的访问权限?

(3)在 C 盘下有一个文件夹 Test,其权限为 Administrator 完全控制,Users 读取、运行和创建文件夹。如果用 Users 组中的账户 Tom 在 C:\Test 目录下创建 Software 文件夹,请解释 Software 文件夹的权限有哪些。

(4)在 NTFS 文件系统中,简述压缩一个文件的操作步骤。

实验 5.4 Linux 文件系统的管理

一、实验目的

通过本次实验,了解 Linux 文件系统结构、类型和权限。熟悉 Linux 文件系统的基本管理方法。

二、知识要点

1. 文件系统的树状结构

存储在 Linux 文件系统中的信息被安排成树状结构,整个文件系统以一个树根"/"为起点,所有的文件和外围设备都以文件的形式挂载在这个文件树上,包括硬盘、光驱、打印机等。用户可以通过命令改变树状结构。Linux 文件系统的树状结构示意图如图 5-4-1。

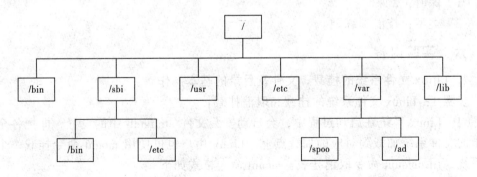

图 5-4-1 Linux 文件系统树状结构

2. Linux 文件类型

Linux 文件系统中的文件主要分为如下几种类型:

（1）普通文件：用字符"-"标记，包括文本文件、数据文件和可执行的二进制程序。

（2）目录文件：用字符"d"标记，是一类特殊文件，可用来构建文件系统的分层树结构。

（3）特殊文件：所有设备都作为一类特殊文件对待，用字符"c"标记特殊字符文件，用字符"c"标记特殊块文件。

（4）文件链接：用字符"l"标记，提供为一个文件起多个名字的功能。

3．文件权限

Linux 文件系统中的每个文件和目录都被一个特定用户所拥有，也被系统指定的用户组所拥有。同时，每个文件和目录都包含了访问权限，这些访问权限决定了谁能访问和如何访问这些文件和目录。

可以通过设置权限，以 3 种访问方式限制谁能访问：只允许用户自己访问、运行一个预先制定的用户组中的用户访问、允许系统中的任何用户访问。同时，用户能够定义一个给定的文件和目录的访问程度（即如何访问）。一个文件或目录可有读（r）、写（w）或执行权限（x）。

三、实验任务

（1）了解 Linux 文件系统的挂载、文件及目录的基本操作。

（2）熟悉 Linux 文件及目录所有权的设置操作。

（3）熟悉 Linux 文件及目录访问权限的设置操作。

四、实验环境

软件环境：安装 Linux 操作系统。本实验以 Ubuntu Server 系统为例，例如，在 VMware Workstation 安装 Ubuntu Server 操作系统。本实验的操作均以 root 用户权限进行。

五、实验课时和类型

（1）课时：2 课时。

（2）类型：技能训练型。

六、实验内容

1．Linux 文件系统的挂载、文件及目录的基本操作

步骤 1：Linux 文件系统的挂载和取消挂载

（1）Linux 系统在启动过程中，会自动安装文件/etc/fstab 中的设置，即把各个分区上的文件系统加载到对应的加载点上。Linux 用户也可使用 mount 命令挂载一个文件系统，用 umount 命令取消挂载。mount 命令格式如下：

```
mount [t -vfstype] [-o options] device dir
```

-t vfstype 用来指定文件系统的类型，可忽略，mount 会自动选择正确的类型；-o options 主要用来描述设备和文件的挂接方式；device 是指要挂载的设备代号；dir 是设备在系统上的挂载点（若挂载点不存在，先要用 mkdir dir 命令建立）。

（2）挂载 U 盘上的文件系统。在插入 U 盘后，用 fdisk –l 命令列出系统所有分区表，确定 U 盘在系统中被识别的设备代号，假设为/dev/sda1。输入命令 mount /dev/sda1 /mnt/usb，挂载成功后，就可通过/mnt/usb 来访问 U 盘。如果中文文件名和目录名显示出现乱码，可在 mount 命令中加入选项（–o iocharset=cp936）。假设要挂载 Windows 的 NTFS 格式的 E 盘，设备代号为/dev/hda5，挂载点为/mnt/E，完整的挂载命令为：mount –t vfat /dev/hda5 /mnt/E。

（3）若要下载 U 盘文件系统，需要输入 umount /mnt/usb 命令，取消挂载。

步骤 2：文件及目录的基本操作

文件及目录的基本操作，主要包括：查找、建立、复制、移动、删除、重命名和统计等。通过完成表 5-4-1 列出的一些要求，了解 Linux 一些基本操作命令的使用，记录操作结果在最后一列中。

表 5-4-1　文件和目录的基本操作命令应用

序号	要　　求	操 作 命 令	结　　果
1	查看/etc 目录下所有文件的详细信息。截屏记录/etc 目录下的部分内容	#cd /etc #ls –al	
2	查找 openssh 文件的路径，记录结果；查看用户当前的目录，记录结果	#whereis openssh #pwd	
3	转到用户的主目录，记录结果	#cd ~ #pwd	
4	创建单目录 student，转入 student 目录，创建多目录 s/s1/s2/s3，记录返回信息	#mkdir –v /home/student #cd /home/student #mkdir –p –v s/s1/s2/s3	
5	在 student 目录下，创建文件 test1、test2、test3，截屏记录结果	#touch test1 test2 test3 #ls –l	
6	删除创建的文件和目录，截屏记录结果	#rm test1 #rm –r s #ls –l	
7	创建/home/ test 目录，将/usr/bin/whoami 文件，复制至 test 目录，并修改其文件名为 test1。截屏记录结果	#mkdir /home/test #cd /usr/bin #cp whoami /home/test/test1 #ls –l	
8	将 student 目录中的文件全部移动到/home/test 目录下，截屏记录结果	#ed/home/student #mv * /home/test #ls –l	
9	搜索 vi 文件位于系统的位置，记录结果。统计 vi 文件占有的字节数，记录结果	#find / –name vi –print #cd /usr/bin #wc –c vi	
10	查看/etc/passwd 文件的内容，截屏记录部分内容。启动时间输出到 test2，通过输入重定向显示 test2 文件，并记录	#cat /etc/passwd #uptime > /home/test/test2 #cat < /home/test/test2	

2．熟悉 Linux 文件及目录所有权的设置操作

步骤 1：查看文件和目录的所有者

（1）输入命令 ls -l /home/test，查看/home/test 目录情况，在表 5-4-2 的"修改前"栏目中记录文件 test1、test2 和 test3 的所有者和所属用户组。查看/home 目录，在表 5-4-2 的"修改前"栏目中记录目录 test 的所有者和所属用户组。

表 5-4-2　文件和目录的所有者和用户组

文件和目录	修 改 前		修 改 后	
	所有者	所属用户组	所有者	所属用户组
test				
test1				
test2				
test3				

（2）新建用户组 teachergroup 和 studentgroup，新建用户 teacher、student1 和 student2，口令是 pwd1、pwd2 和 pwd3，teacher 属于 teachergroup 用户组，student1 和 student2 同属于 studentgroup 用户组。

步骤 2：使用 chown 修改目录或文件的所有者和用户组

（1）用 chown 命令修改目录所有者和所属组，输入命令#chown -R teacher test，将 test 目录的所有者改为 teacher。输入命令#chown -R :teachergroup test，所属的用户组为 teachergroup。

（2）用 chown 命令修改文件的所有者，输入命令#chown student1 test1，将 test1 文件的所有者改为 student1，再将 test2 文件的所有者改为 student2。

（3）用 chown 命令修改文件所属组，输入命令#chown :studentgroup test1，将 test1 文件所属组改为 studentgroup，再将 test2 文件所属组改为 studentgroup。

（4）修改完成后，查看文件或目录的所有者和所属用户组，记录在表 5-4-2 中的"修改后"栏目。

3．熟悉 Linux 文件及目录访问权限的设置操作

步骤 1：查阅目录和文件所有者、所属组和其他用户的权限

（1）查阅目录 test 和文件 test1、test2 的所有者、所属的用户组和其他用户的访问权限，记录在表 5-4-3 中的"修改后"栏目中。

表 5-4-3　文件和目录的访问权限

文件和目录	修 改 前			修 改 后		
	所有者权限	所属组权限	其他用户权限	所有者权限	所属组权限	其他用户权限
test	rwx	rx	rx			
test1	rw	r	r			
test2	rw	r	r			

（2）使用 su 命令切换用户 teacher、student1、student2 登录系统，进行权限测试，

将测试结果（能或否）填写至表 5-4-4 中。

表 5-4-4 文件和目录的访问权限测试

用户名称	cd /home/test	用 ls 命令列出 test 目录	运行 test1	用 cat 命令显示 test2	在 test 目录下，用 touch 命令创建文件	在 test 目录下，用 mkdir 命令创建新目录
teacher						
Student1						
student2						

步骤 2：使用 chmod 改变目录或文件的访问权限

（1）用 exit 命令退出，返回 root 用户登录。

（2）用 chmod 命令修改目录和文件权限，输入命令#chmod 777 test，设置 test 的权限为所有者、所属组和其他用户的完全访问。设置 test1 文件为所有者完全访问、所属组用户读和执行、其他用户只读（754）。test2 文件为所有者读写、所属组用户和其他用户不能访问（600）。

（3）使用 su 命令切换用户 teacher、student1、student2 登录系统，进行权限测试，将测试结果（能或否）填写至表 5-4-5 中。

表 5-4-5 文件和目录的访问权限测试

用户名称	cd /home/test	用 ls 命令列出 test 目录	运行 test1	用 cat 命令显示 test2	在 test 目录下，用 touch 命令创建文件	在 test 目录下，用 mkdir 命令创建新目录
teacher						
Student1						
student2						

七、实验思考题

（1）将当前工作目录从/usr/bin 转到 usr/local/bin 要用什么命令？写出使用绝对路径和相对路径的两种命令格式。

（2）chmod 命令格式分为数字权限修改法和权限代号修改法。现要为文件 admin.txt 的所有者赋予读写该文件但不可执行的权限，且所属组用户不能执行该文件，写出两种格式命令。

（3）要求将目录/home/student 下的列表内容保存至文件 file1 中，并分别统计 file1 中的行数、字数，写出完整的命令。

（4）是否可以通过直接编辑/etc/passwd、/etc/shadow、/etc/group、/etc/gshadow 文件的方式进行用户和用户组管理？

第6章

网络互联与设备 ≪≪

实验 6.1　网卡的认识和应用

一、实验目的

了解网卡的基本特性、类别、功能和作用，熟悉网卡的配置和使用，了解一些网卡诊断和测试工具的使用。

二、知识要点

网卡（Network Interface Card，NIC）又称网络适配器，是计算机网络中最常用的连接设备。网卡安装在终端设备中，例如计算机、智能手机、平板计算机等。在网络中，数据从一台终端设备传输到另外一台终端设备时，也就是数据从一块网卡传输到另一块网卡，即从源网卡地址（MAC 地址）到目的网卡地址（MAC 地址）。

1. 网卡的分类

按照网卡的工作方式可分为半双工和全双工方式；按网卡的工作对象可分为普通工作站网卡和服务器专用网卡；按网卡所支持的总线接口类型分为 ISA、PCI、PCMCIA、USB 网卡等；按网络接口类型分为 BNC 接口、RJ-45 接口、AUI 接口和光纤接口网卡；按传输速率分为 10 Mbit/s、100 Mbit/s、10/100 Mbit/s 自适应和 1 000 Mbit/s 网卡等；按网卡用途可分为普通网卡、无线网卡和笔记本网卡等。

2. 网卡的功能和组成

一块网卡包括 OSI 模型的物理层和数据链路层的功能，物理层的功能定义了数据传送与接收所需要的电与光信号、线路状态、时钟基准、数据编码和电路等，并向数据链路层设备提供标准接口。数据链路层的功能则提供寻址机构、数据帧的构建、数据差错检查、传送控制、向网络层提供标准的数据接口等功能。

以常用的 PCI 接口的以太网卡为例，主要组成部件包括：总线接口、RJ-45 接口、主芯片、EEPROM、BOOTROM 插槽（用于接插 BOOTROM 芯片）、晶振、电压转换芯片和 LED 指示灯。主芯片是网卡中最重要的组件，是网卡的控制中心，决定网卡的性能好坏和功能强弱。

3. 网卡的主要作用

网卡充当计算机和网络线缆之间的物理接口，负责将计算机中的数字信号转换成电或光信号，承担网络传输的串行数据和计算机内部传输的并行数据之间的转换。通过将计算机的数据封装为帧，基于有线或无线传输介质，将数据发送到网络上。同时，接收网络上其他设备网卡传过来的帧，提取出高层的数据，通过主板上的总线传输给计算机。

4．网卡诊断工具

网卡一般自带诊断和配置程序，不同型号网卡的诊断工具所能检查和设置的范围也不相同。网卡诊断程序分为命令行和图形化操作界面，常嵌入操作系统中。运用网卡诊断工具，可以检测计算机中网卡的工作状态、基本参数设置或可能的故障。

三、实验任务

（1）熟悉网卡的安装、性能、配置和使用。
（2）了解网卡诊断工具和测试工具的使用。

四、实验环境

安装 Windows 操作系统的联网机房，本实验以 Windows Server 2008 系统为例，第三方网卡监测工具（AdapterWatch）。

五、实验课时和类型

（1）课时：2 课时。
（2）类型：验证型。

六、实验内容

1．熟悉网卡的安装、性能、配置和使用

步骤 1：网卡的安装（以带 PCI 接口的以太网卡为例）

（1）关闭主机电源，拔下电源插头并打开机箱，为网卡寻找一个合适的空闲的 PCI 插槽（最好不要靠近机箱边缘），将网卡对准插槽向下压入其中，确保安装牢固。

（2）启动计算机，对于即插即用的网卡，系统一般能自动侦测与配置完成，无须额外安装和配置，系统提示网卡设备可以使用。若未能自动安装成功，则需要手工安装驱动程序。

（3）手工安装驱动程序。首先下载或复制网卡对应的驱动程序，若是压缩包就需要解压到本机硬盘目录中。若驱动软件中包含安装程序，运行后一般会自动安装并配置完成。否则，打开"控制面板"，单击打开"设备管理器"界面，选择"操作"→"添加过时硬件"命令，打开硬件设备添加向导窗口，按照屏幕中出现的向导提示，选中"安装我手动从列表选择的硬件（高级）"按钮，单击"下一步"按钮；在选择要安装的硬件类型界面中，选择"显示所有设备"，单击"下一步"按钮；在选择为此硬件安装的设备驱动程序界面中，单击"从磁盘安装"按钮，在打开的文件选择对话框中选择 inf 驱动程序文件，加入成功后，再按照向导提示完成其他的安装设置操作。

（4）在"控制面板"中，单击"网络和共享中心"，在打开的窗口中选择"更改适配器设置"，若网卡驱动程序安装成功，则可以看到对应的网卡图标。

步骤 2：查看网卡的性能

（1）选中想要查看的网卡，弹出如图 6-1-1 所示的菜单栏，单击"查看此连接的状态"，可查看网卡的一些性能参数信息。

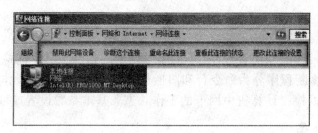

图 6-1-1　"网络连接"窗口

（2）右击网卡，在弹出的快捷菜单中选择"属性"命令，打开网卡属性对话框，可进行安装和卸载网卡、对网卡进行绑定和设置网络地址等操作。单击"配置"打开如图 6-1-2 所示的对话框。查看相关的选项卡，将网卡的一些信息记录在表 6-1-1 中。

表 6-1-1　网卡信息

特　　性	信　　息	特　　性	信　　息
PCI 设备的地址（总线号、设备号、功能号）		网卡地址	
驱动程序提供商		速度和双工（以太网卡）	
驱动程序版本		Inf 名称	
网卡最高速率		设备描述	

步骤 3：网卡的高级配置

（1）如图 6-1-2 所示，在网卡属性下的配置对话框中，选择"高级"选项卡，列出网卡属性下拉列表框和对应的配置值，通过合理设置一些网卡属性参数，可提高网卡的稳定性。

（2）网卡的"流量控制"（或流控制，或 Flow Control）默认设置为开启，网卡自动限制网络流量。当需要较大网络流量的应用出现卡机时，或使用无盘工作站时，可选择设置"禁用"。

（3）网卡的"校验和分载传输"相关项目默认设置为开启，可选择设置为"禁用"。例如，"TCP 校验和分载传输"设置为禁用，这是因为 TCP 协议自带校验，无须网卡这项功能；而"IP 校验

图 6-1-2　网卡配置对话框

和分载传输""UDP 校验和分载传输"在网络状况正常的情况下，可设置为"禁用"。

（4）网卡与 VLAN 相关的支持项，一般设置为关闭，例如，"数据包优先级和VLAN"设置为"禁用"。而其他一些属性的值，可根据网络运行环境进行灵活配置，以改进网络性能。

步骤4：网卡的启用或禁用

（1）禁用网卡。在如图6-1-1所示的网络连接窗口中，单击"禁用此网络设备"，该网卡图标显示"已禁用"，相当于该计算机断开网络连接，用户不能上网了。

（2）启用网卡。单击"启用此网络设备"，该网卡图标恢复正常显示，相当于该计算机连接网络，用户能继续上网了。

2．了解网卡诊断和监测工具的使用

步骤1：了解网卡诊断工具的使用

（1）当网络出现问题时，可使用Windows操作系统自带的"Windows网络诊断"工具来诊断和解决。在图6-1-1中，单击"诊断这个连接"，即运行"Windows网络诊断"工具。

（2）在疑难解答报告中查看"检测详细信息"，了解问题检测的详细信息报告；查看"网络诊断日志"和"其他网络配置和日志"，获得独立的报告文件，供详细分析；也可对此疑问进行反馈，提交到反馈中心。

步骤2：了解网卡测试工具的使用

（1）AdapterWatch是一款网卡测试工具软件，可以查看网络适配器的详细参数，支持进行IP统计、TCP/UDP统计、ICMP统计和常规配置信息展示，以便用户了解网卡工作状态。

（2）从网上免费下载AdapterWatch，如网站 http://www.nirsoft.net/utils/awatch.html。解压得到可执行程序 awatch.exe，双击运行，打开程序的主界面，选中 Network Adapters 选项卡，将显示本机所有网卡的信息，如图6-1-3所示。

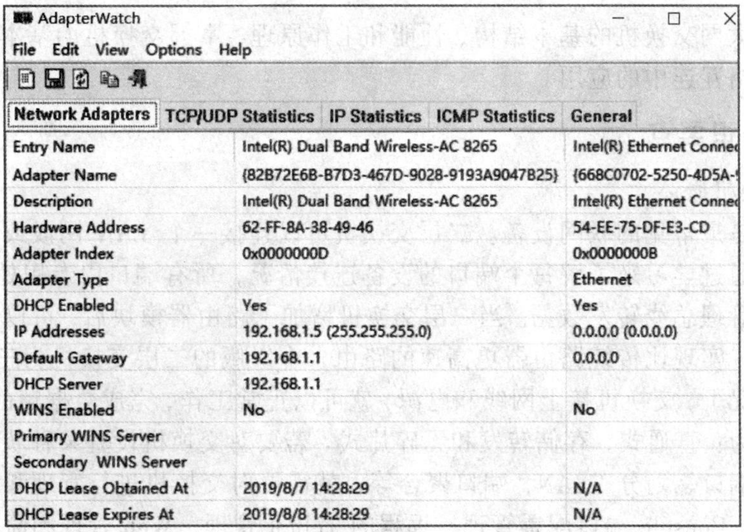

AdapterWatch		
File Edit View Options Help		
Network Adapters TCP/UDP Statistics IP Statistics ICMP Statistics General		
Entry Name	Intel(R) Dual Band Wireless-AC 8265	Intel(R) Ethernet Connec
Adapter Name	{82B72E6B-B7D3-467D-9028-9193A9047B25}	{668C0702-5250-4D5A-!
Description	Intel(R) Dual Band Wireless-AC 8265	Intel(R) Ethernet Connec
Hardware Address	62-FF-8A-38-49-46	54-EE-75-DF-E3-CD
Adapter Index	0x0000000D	0x0000000B
Adapter Type		Ethernet
DHCP Enabled	Yes	Yes
IP Addresses	192.168.1.5 (255.255.255.0)	0.0.0.0 (0.0.0.0)
Default Gateway	192.168.1.1	0.0.0.0
DHCP Server	192.168.1.1	
WINS Enabled	No	No
Primary WINS Server		
Secondary WINS Server		
DHCP Lease Obtained At	2019/8/7 14:28:29	N/A
DHCP Lease Expires At	2019/8/8 14:28:29	N/A

图6-1-3　AdapterWatch程序主界面

（3）查看当前正在工作的一块网卡的配置和状态信息，根据表6-1-2中的项目填写相关信息。

表 6-1-2　网卡信息

项　目	信　息	项　目	信　息
绑定的 IP 地址		最大传输单元（MTU）	
网卡速度/（bit/s）		输出队列长度	
接收数据/B		发出数据（B）	
接收单播数据包		发出单播数据包	
接收非单播数据包		发出非单播数据包	

七、实验思考题

（1）网卡作为重要的连网设备，主要实现了 OSI 模型定义的哪些基本功能？

（2）网卡地址和网络地址有什么区别？网卡的地址是否可以像网络地址一样，可以随意修改？如果可以修改网卡地址，有哪些方法？

（3）什么是网络唤醒功能？当计算机处于待机状态时，如何配置网卡唤醒功能，实现远程唤醒主机的操作？

（4）查阅资料，利用 Windows 操作系统自带的网络诊断工具，检查网络故障原因，并说明此工具主要可用来解决哪些网络应用问题。

实验 6.2　交换机的基本配置

一、实验目的

了解以太网交换机的基本结构、性能和工作原理，掌握交换机的基本配置，熟悉交换机在网络互连中的应用。

二、知识要点

1．交换机概述

交换机是最常见的联网设备。二层交换机可以连接一个 LAN 网段或工作站、服务器，能够通过学习来了解每个端口的设备连接情况，所有端口由专用处理器控制，并经过控制管理总线转发数据。当二层交换机增加了路由器模块后，可以完成网络层的路由功能，实现比传统路由器更高速的路由，升级版的二层交换机为三层交换机。

一般情况下，交换机接上网线和电源，就可以正常工作，完成数据帧的交换工作。交换模式分为：直通式、存储转发和无碎片式。若要对交换机设置某种状态，如打开或关闭某个端口、划分 VLAN、端口聚合等，就需要对交换机进行管理和设置，管理方式一般有：Console 端口配置管理、远程的 Telnet 管理、Web 管理和简单网络管理（SNMP）方式。

2．二层交换机的工作原理

交换机的工作原理基于 3 个主要功能：地址学习、转发过滤和消除回路。交换机了解每一个端口相连设备的 MAC 地址，并将地址同对应的接入端口号映射起来，记录在交换机缓存的 MAC 地址表中；当一个数据帧的目的 MAC 地址在 MAC 地址表中有映射时，它被转发到连接目的结点的端口，而非所有的端口；当交换机包括一个冗余回路时，以太网交换机通过生成树协议避免回路的产生，同时允许存在后备路径。

3．交换机的端口

以太网交换机的端口主要分为网络端口和 Console 端口（或称为控制口，配置口）。

网络端口都有编号，以便管理配置用。编号由两部分组成：插槽号和端口在插槽上的编号，例如端口所在的插槽编号为 0，端口在插槽上的编号为 3，则该网络端口对应的编号是 0/3。根据可接入的介质的类型，端口分为电口和光口。根据需要，网络端口的默认参数或属性值可以配置和修改。

Console 端口是一个特殊的端口，一般位于交换机面板的最左端或最右端，是设备的控制端口，实现设备的初始化或远程控制，使用配置专用线直接连接到计算机的串行口。

三、实验任务

（1）使用交换机的 Console 端口进行初始化配置。

（2）使用 Telnet 远程配置交换机。

（3）熟悉交换机和交换机端口的基本配置。

四、实验环境

软件环境：Cisco Packet Tracer（V7.1.1 版或以上）。

五、实验课时和类型

（1）课时：2 课时。

（2）类型：技能训练型。

六、实验内容

1．使用交换机的 Console 端口进行初始化配置

通过 Console 端口连接并配置交换机，是配置和管理交换机必经的步骤。因为其他配置和管理交换机的方式中，往往需要有 IP 地址、域名或设备名称才可以实现，新购买的交换机未内置这些参数，所以需要通过 Console 端口先配置这些参数。在初始配置中为交换机设置不同级别的口令，以提供基本安全措施。

步骤 1：连接交换机的 Console 端口

（1）启动 Packet Tracer，在逻辑工作区放置一台计算机和一台交换机，用控制台端口连接线（Console）连接 PC0 的 RS-232 端口和交换机的 Console 端口，如图 6-2-1 所示。

（2）启动 PC 桌面上的超级终端（Terminal）程序，出现超级终端配置界面，单击 OK 按钮，进入网络设备命令行配置界面，按【Enter】键，进入交换机命令行配置界面，如图 6-2-2 所示。

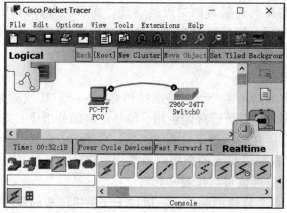

图 6-2-1　连接到交换机的控制端口

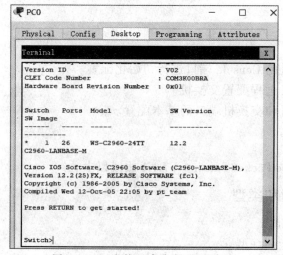

图 6-2-2　交换机命令行配置界面

步骤 2：为控制台端口配置口令

（1）在图 6-2-2 所示的命令行配置界面中，用 enable 命令进入交换机特权模式，用 config 命令进入配置模式，用 line 命令进入控制台配置模式。

（2）用 password 命令配置控制台口令，例如口令为 Console-pass!，用 login 命令启用用户登录时的口令检查，完成后用 exit 命令返回到全局模式。参考表 6-2-1 所列出的命令，填写正确的命令提示符信息。

表 6-2-1　配置命令列表

序　号	命令提示符	命　令　格　式	功　　能
1	Switch>	enable	从用户模式进入特权模式
2		configure terminal	从特权模式进入全局模式
3		line console 0	进入控制台配置模式
4		password Console-pass!	配置进入控制台口令
5		login	启用登录时的口令检查
6		exit	退回到全局模式

步骤 3：为远程连接配置口令

（1）在全局模式下，用 line 命令进入远程配置模式。

（2）用 password 命令配置控制台口令，例如口令为 Vty-pass!，用 login 命令启用用户登录时的口令检查，完成后用 exit 命令返回。参考表 6-2-2 所列出的命令，并解释命令的功能。

表 6-2-2　配置命令列表

序　号	命令提示符	命 令 格 式	功　　能
1	Switch（config）#	line vty 0 4	
2	Switch（config-line）#	password Vty-pass!	
3	Switch（config-line）#	login	
4	Switch（config）#	exit	

步骤 4：配置管理 IP 地址

（1）用命令 interface 进入 VLAN 1 对应的接口配置模式，用命令 ip address 为 VLAN 1 的接口配置 IP 地址和子网掩码，例如 192.168.1.1/24，该 IP 地址仅用于管理交换机。

（2）用 no shutdown 命令启动端口，用 exit 命令返回全局模式。在表 6-2-3 中填写命令。

表 6-2-3　配置命令列表

序　号	命令提示符	命 令 格 式	功　　能
1	Switch（config）#		进入 VLAN 1 对应的接口配置模式
2	Switch（config-if）#		配置 IP 地址和子网掩码
3	Switch（config-if）#		启动端口
4	Switch（config）#		退回到全局模式

步骤 5：为交换机配置特权口令

（1）用命令 enable secret 设置从用户模式进入特权模式的口令，口令在交换机内部以加密形式保存，例如，enable secret Enable-pass!。

（2）用命令 service password-encryption 加密交换机上存放的所有明文口令。用 exit 命令退回到特权模式，用命令 show running-config 查看系统配置文件内容，检查各级口令对应的密码，记录在表 6-2-4 中。

表 6-2-4　配置的交换机口令和对应的密码格式

作　　用	口　令	口令对应的密码
进入特权模式的口令		
进入控制台的口令		
进入远程连接的口令		

2．使用 Telnet 远程配置交换机

步骤 1：Telnet 远程登录交换机

（1）完成上一步中的步骤 3、4 和 5 后，在图 6-2-1 中删除控制台端口连接线

（Console），用网线（直通线）连接 PC0 的以太网端口和用交换机的一个网络端口。

（2）启动 PC 桌面上的 IP 配置（IP Configuration）程序，出现配置界面，输入 IP 地址和子网掩码 192.168.1.2 和 255.255.255.0。

（3）启动 PC 桌面上的命令行窗口（Command Prompt）程序，在命令行窗口中，输入命令：telnet 192.168.1.1，输入口令：Vty-pass!，成功登录后将打开如图 6-2-3 所示的界面。

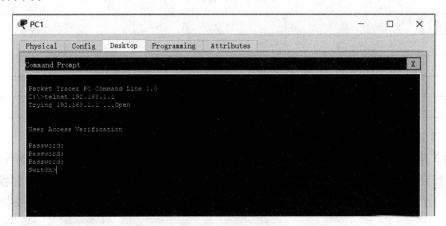

图 6-2-3　telnet 登录交换机界面

步骤 2：退出 Telnet 远程登录交换机

输入 exit 命令后，终端断开和交换机的远程连接，返回命令符窗口界面。

3. 熟悉交换机和交换机端口的基本配置

步骤 1：完成网络连接、配置终端 IP 地址

（1）启动 Packet Tracer，参照图 6-2-4，选择型号为 2960 的以太网交换机作连网设备，用直通线连接终端 PC0、PC1 到交换机端口 0/1 和 0/2，用交叉线连接 PC2 到交换机端口 0/3。

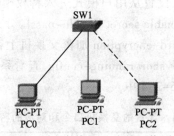

图 6-2-4　交换机互连的网络图

（2）配置 PC0、PC1 和 PC2 的 IP 地址为 192.168.1.1、192.168.1.2 和 192.168.1.3，子网掩码为 255.255.255.0。

步骤 2：交换机的基本配置

（1）用 hostname 命令更改交换机的名称，例如，把交换机名称改为 SW1，需要在全局模式下，输入命令 hostname SW1。

（2）交换机的更新配置立即生效，无须重启系统，但配置驻留在主内存中，断电

后更改的配置会丢失。若要保存新配置，必须复制到交换机的 NVRAM 中。在特权模式下，用 copy running-config startup-config 命令。

（3）配置交换机镜像管理，可监听交换式局域网中的数据流情况。例如，要在 f0/1 端口上捕获 f0/2-3 端口进出的数据帧，在全局模式下创建监听的源端口，参数 both 是指进出方向，输入 monitor session 1 source interface f0/2 – 3 both 命令；再创建目的端口为 f0/1，输入 monitor session 1 destination interface f0/1 命令。

步骤 3：交换机网络端口的基本配置

（1）交换机网络端口默认为开启，用命令 shutdown 关闭，no shutdown 开启。

（2）用 duplex 命令配置端口工作模式，例如 duplex auto 设置为自动检测工作模式，duplex full 设置为全双工模式，duplex half 为半双工模式。

（3）用 speed 命令配置端口速度，例如 speed auto 设置为自动检测速度，speed 100 设置端口速度为 100 Mbit/s。

（4）用 mdix auto 命令开启端口的介质检测功能，使其能自适应接入的网线。例如，为 PC2 连接的交换机端口配置开启端口检测，使得直通线和交叉线的功能相同。

步骤 4：查阅交换机的控制信息和配置信息

（1）在特权模式下，用命令 show mac address-table 可查看交换机中的 MAC 地址表信息，将显示结果记录在表 6-2-5 中。

（2）在特权模式下，用命令 show interface brief 可查看交换机端口的状态信息。

（3）启动 PC 桌面上的命令行窗口（Command Prompt）程序，在命令行窗口中，输入命令 ping PC1 的 IP 地址、ping PC2 的 IP 地址，完成后，重复（1）的操作。

表 6-2-5　交换机中 MAC 地址表信息

操作（1）	显示的 MAC 地址表内容	操作（3）	显示的 MAC 地址表内容

七、实验思考题

（1）交换机有哪 3 种帧的转发方式（交换方式），它们分别有什么特点？

（2）交换机配置镜像管理的作用是什么？

（3）解释交换机中的 MAC 地址表是怎样创建的，请解释表 6-2-5 中，操作（1）后显示的 MAC 地址表内容和操作（3）后显示的 MAC 地址表内容有何不同？为什么？

（4）在 Packet Tracer 环境中，在一台 2960 交换机上配置 VLAN 6，（VLAN 的名称为 abc），将端口 f0/10-f0/20 添加到 VLAN 5 中，并将 f0/1 端口设置成 Trunk 接口，记录配置命令。

实验 6.3　路由器的基本配置

一、实验目的

了解路由器的基本结构、性能和工作原理，掌握路由器的基本配置、在网络互连中的应用。

二、知识要点

1．路由器概述

路由器是网络互连的关键设备，用于连接异构网络或网段的网络设备，工作在OSI模型的网络层。其主要工作之一是为在网络上传输的数据包寻找最佳路径并进行传送，路由器的主要功能可概括如下：

（1）网络互连：路由器支持各种局域网和广域网连接，实现不同类型网络互联通信。

（2）数据处理：提供包括包过滤、转发、优先级、复用、加密、压缩和防火墙等功能。

（3）网络管理：路由器提供包括配置管理、性能管理、容错管理和流量控制等功能。

路由器实际上是一种具有多个输入端口和输出端口的专用计算机，由中央处理器（CPU）、只读存储器（ROM）、随机存储器（RAM）等部件组成，配置专用的操作系统，例如思科路由器操作系统（IOS）、华为路由器操作系统（VRP）。路由器上常见的外部物理端口包括 AUI 端口、RJ-45 端口、Serial 端口（高速同步串口）、ASYNC串口（异步串口）和 AUX 端口等，用于连接各种局域网和广域网。而 Console 端口为控制台口，为初始化配置路由器的接口。路由器第一次使用时，必须采用 Console 端口方式进行初始配置。对路由器的访问和交换机相同，也有 4 种方式：Console 端口、远程的 Telnet、Web 和 SNMP 方式。

2．路由器结构和工作原理概述

路由器的基本结构分为两大部分：路由选择部分和数据包转发部分。路由选择部分的核心构件为路由选择处理机，路由选择处理机用选定的路由选择协议构造出路由表，并经常或定期地与相邻路由器交换路由信息以持续更新和维护路由表，为路由器计算出转发表，执行网络管理功能。数据包转发部分由输入端口、输出端口和交换结构三部分构成，共同实现数据包的转发功能。交换结构根据转发表，将某个输入端口进入的数据包从一个合适的输出端口转发出去。

3．路由器的用户命令接口下的配置模式概述

路由器用户界面为命令行界面，其配置命令和工作模式与交换机类似。路由器也有多种工作模式，图 6-3-1 描述了路由器各模式之间的切换关系和切换命令的作用。路由器的每个命令都有其相应的工作模式。如果想运行某命令，只有进入正确的模式然后输入命令才能生效。例如，查看路由器当前配置的命令 show running-config 必须运行在特权用户模式下，即在 Router# 提示符下输入该命令，才能显示路由器的当前

配置。若在其他模式下输入命令，如 Router(config)# 模式下输入该命令，路由器将返回错误提示，表示路由器无法识别该命令。

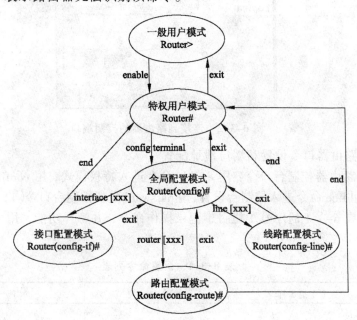

图 6-3-1 路由器的 6 种模式和切换命令

三、实验任务

（1）使用路由器的 Console 端口进行初始化配置。

（2）熟悉路由器和路由器端口的基本配置。

四、实验环境

软件环境：Cisco Packet Tracer（V7.1.1 版或以上）。

五、实验课时和类型

（1）课时：2 课时。

（2）类型：技能训练型。

六、实验内容

1. 使用路由器的 Console 端口进行初始化配置

步骤 1：连接路由器的 Console 端口

（1）启动 Packet Tracer，在逻辑工作区放置一台计算机 PC0 和一台路由器，用 Console 线，连接 PC0 的 RS-232 端口和路由器的 Console 端口，如图 6-3-2 所示。

（2）启动 PC0 桌面上的超级终端（Terminal）程序，出现超级终端配置界面，单击 OK 按钮，进入网络设备命令行配置界面，按【Ctrl+C】组合键退出路由器的 Setup 会话，进入路由器命令行配置界面的一般用户模式。

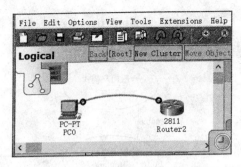

图 6-3-2　连接到路由器的控制端口

步骤 2：路由器口令设置和端口地址配置

（1）设置路由器控制台口令：用 enable 命令进入特权模式，用 config 命令进入全局配置模式，用 line 命令进入控制台设置，用 password 配置控制台口令（口令为 Console-R-pass）。在表 6-3-1 的序号 1 栏目中记录操作命令，并解释功能，用 end 命令返回特权模式。

表 6-3-1　配置命令列表

序　号	命令提示符	命 令 格 式	功 能 解 释
1	Router>		
	Router#		
	Router（config）#		
	Router（config-line）#		
	Router（config-line）#		
2	Router#		
	Router（config）#		
	Router（config-line）#		
	Router（config-line）#		
3	Router#		
	Router（config）#		
	Router（config-if）#		
	Router（config-if）#		

（2）设置路由器远程登录口令：用 enable 命令进入特权模式，用 config 命令进入全局配置模式，用 line 命令进入虚拟终端（VTY）设置，用 password 配置控制台口令（口令为 VTY-R-pass），用 login 命令启用登录时口令检查，把上述操作的完整命令记录在表 6-3-1 的序号 2 栏目中，用 end 命令返回。

（3）配置路由器端口的 IP 地址：用 ip address 命令，配置路由器两个网络端口（f0/1 和 f0/2）的 IP 地址和子网掩码，例如 192.168.1.1/24、192.168.1.2/24，启动端口，将配置其中一个端口的命令记录在表 6-3-1 的序号 3 栏目中，用 end 命令返回。

（4）设置路由器进入特权模式的口令：用命令 enable 设置从用户模式进入特权模式的口令（口令为 Enable-R-pass），用 service password-encryption 命令加密口令，用

end 命令返回。

（5）用命令 show running-config 查看系统配置文件，检查口令对应的密文，记录在表 6-3-2 中。

表 6-3-2　配置的路由器口令和对应的密文格式

作　　用	口　　令	对应的密文
进入特权模式的口令		
进入控制台的口令		
进入远程连接的口令		

2．熟悉路由器和路由器端口的基本配置

步骤 1：完成网络拓扑图设计

（1）按照图 6-3-3 所示的网络结构图，在 Packet Tracer 的逻辑工作区放置两台路由器设备，比如型号为 2811。由于路由器原始配置并不包含串行接口模块，需要为两台路由器安装串行接口模块。进入路由器的物理配置界面，关闭路由器电源，选中模块栏中的 WIC-1T 模块，将其拖放到路由器插槽，打开路由器电源。

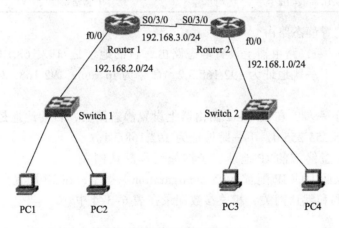

图 6-3-3　网络拓扑图

（2）用串行线连接两个路由器的串行口。放置两台交换机，比如型号为 2960，用直通线连接到路由器。最后添加四台终端，连接终端设备到交换机。

步骤 2：配置路由器和路由器端口

（1）单击路由器，进入命令行接口（CLI）配置界面。在全局配置模式下，用 hostname 命令修改路由器名称为 Router1 和 Router2。

（2）在 Router1 的端口配置点对点串行链路。用 interface 命令进入路由器 Router1 的串行端口 Serial 0/3/0；用 ip address 命令配置接口 IP 地址，例如 192.168.3.1/24；用 clock rate 命令配置同步时钟，时钟频率设置为 64 000 bit/s；用 no shutdown 命令启动端口，用 exit 命令退回到全局配置模式。

（3）在 Router2 的端口配置点对点串行链路。用 interface 命令进入路由器 Router2 的串行端口 Serial 0/3/0；用 ip address 命令配置接口 IP 地址，例如 192.168.3.2/24；

用 no shutdown 命令启动端口，用 exit 命令退回到全局配置模式。

（4）配置路由器 Router1 的 f0/0 端口：用 interface 命令进入路由器 Router1 的 f0/0 端口，用 ip address 命令配置接口 IP 地址，例如 192.168.2.1/24；用 no shutdown 命令启动端口，用 exit 命令退回到全局配置模式。

（5）参照上一步，在路由器 Router2 的 f0/0 端口上配置，IP 地址为 192.168.1.1/24。在表 6-3-3 中记录配置 2 种端口所使用的命令。

表 6-3-3 配置命令列表

Router1	命令提示符	命令格式	功　能
S0/1/01	Router1(config)#		进入接口配置模式
	Router1(config-if)#		配置 IP 地址
	Router1(config-if)#		配置同步时钟，时钟频率为 64 000 bit/s
	Router1(config-if)#		激活端口
f0/0	Router1(config)#		进入接口配置模式
	Router1(config-if)#		配置 IP 地址
	Router1(config-if)#		激活端口

步骤 3：配置静态路由

（1）在 Router1 路由器上设置静态路由，目的地址是 192.168.1.0，子网掩码是 255.255.255.0，下一跳地址为 192.168.3.2，命令为 ip route 192.168.1.0 255.255.255.0 192.168.3.2。

（2）参照上一步，在 Router2 路由器上设置静态路由，目的地址是 192.168.2.0，子网掩码是 255.255.255.0，下一跳地址为 192.168.3.1。

步骤 4：配置终端的 IP 地址、子网掩码和默认网关

启动 PC 桌面上的 IP 配置（IP Configuration）程序，在 IP 配置界面上，输入 IP 地址、子网掩码和默认网关，相关参数记录在表 6-3-4 中。

表 6-3-4 终端的 IP 地址配置

Router1	IP 地址	子 网 掩 码	默 认 网 关
PC1			进入接口配置模式
PC2			配置 IP 地址
PC3			进入接口配置模式
PC4			配置 IP 地址

步骤 5：连通测试

（1）检测路由器的连通性：在路由器 Router1 的命令行界面，进入特权模式，用 ping 命令，例如 ping 192.168.3.2，显示结果中出现"!!!!!"符号，说明 ping 通了，若显示的是"....."则表示不能 ping 通。

（2）检测 PC 之间的联通性：启动 PC 的命令行（Command Prompt）程序，用 ping 命令，例如在 PC1 中，ping 192.168.1.2，显示 0%丢失率，说明 ping 通了。

七、实验思考题

（1）路由器有哪些工作模式？简述这些工作模式之间是如何切换的。

（2）什么是静态路由？分别写出路由器中配置静态路由和显示路由表的命令格式。

（3）路由器工作在 OSI 模型的哪个层次？依据数据中的什么地址交换数据包？

（4）在本实验的实验内容 2 中，若省略步骤 3（配置静态路由），那么 PC1 和 PC2、PC3 和 PC4 之间能 ping 通吗？PC1、PC2 和 PC3、PC4 之间能 ping 通吗？请简述原因。

实验 6.4　路由器动态路由的配置

一、实验目的

理解动态路由的概念和工作原理，学习并掌握动态路由协议 RIP 的配置，学习并掌握动态路由协议 OSPF 的配置。

二、知识要点

1．动态路由概述

动态路由是指路由器根据动态路由协议交换的特定路由信息自动地建立路由表，当网络通信量或拓扑结构改变时，可以自动更新路由表。管理员不需要手工对路由器上的路由表进行维护。相对静态路由，动态路由的特点是能较好地适应网络状态的变化，但实现起来较为复杂，开销比较大，适用于较复杂的、规模较大的网络。

动态路由协议在网络层工作，属于 TCP/IP 协议栈中的应用层协议。按照应用范围的不同划分，根据是否在一个自治系统（AS）内部，这里的自治系统是指具有统一管理机构和路由策略的网络（通常为一个组织实体内部的网络），分为内部网关协议（在一个 AS 内部）和外部网关协议（跨多个 AS）。常用的内部网关协议有 RIP 和 OSPF 等，常用的外部网关协议有 BGP 等。动态路由协议的核心是路由算法，RIP 采用的是距离向量算法，OSPF 采用的是链路状态算法。

2．RIP 路由协议概述

RIP（Routing Information Protocol，路由信息协议）是应用较早、使用较普遍的因特网的标准协议，适用于小型网络。其最大优点是实现简单、开销较小。

RIP 协议要求一个自治系统中的每一台路由器都要维护从自己到其他每一个目的网络的距离记录。这里的距离为：从一台路由器到直接连接的网络的距离定义为 0（也可定义为 1），从一台路由器到非直接连接的网络的距离定义为所经过的路由器数加 1。在图 6-4-1 中，假设直接连接距离定义为 0，那么路由器 R1 到网络 1 或网络 2 的距离都是 0，而到网络 3 的距离是 1，到网络 4 的距离是 2。

RIP 协议的距离也称为跳数，每经过一台路由器，跳数加 1。RIP 协议认为好的路由是它通过的路由器的数目少，即距离短。RIP 允许一条路径最多只能包含 15 台路由器，距离为 16 时就相当于不可达。RIP 协议还规定：一台路由器仅向相邻的路由器发送路由信息，路由器交换的路由信息为自己当前的路由表，按固定的时间间隔交换路由信息，经过若干次更新后，会达到收敛状态，即所有路由器都得到正确的路由表。

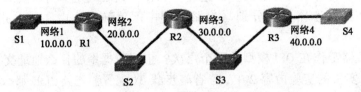

图 6-4-1　一个运行 RIP 协议的网络示意图

3. OSPF 路由协议概述

RIP 协议的缺点也较多，例如限制网络的规模，可使用的最大距离为 15，更新过程的收敛时间过长等。OSPF（Open Shortest Path First，开放式最短路径优先）是为了克服 RIP 协议的缺点而开发出来的因特网的标准协议，OSPF 协议规定：一台路由器向本自治系统内的所有路由器发送信息（用洪泛法）；发送的信息为与本路由器相邻的所有路由器的链路状态；（链路状态包括本路由器相邻的路由器和链路的度量或代价，度量用来表示费用、距离、时延或带宽等，由管理员决定）只有当链路状态发生变化时，OSPF 路由器之间频繁地交换链路状态信息后，所有路由器最终都能建立起一个链路状态数据库（全网的拓扑结构图），每一台路由器基于链路状态数据库、使用 Dijkstra 的最短路径路由算法构建出自身的路由表。

OSPF 协议还具有的一些特性：允许管理员给每一条路由指定不同的度量，从而对于不同类型的业务可计算出不同的路由；若到同一目的网络有多条相同度量的路径，可以将通信量分配给这几条路径；支持可变长度的子网划分和无分类的编址等。

在图 6-4-2 所示的一个自治系统网络结构图中，R11、R12、R13 和 R14 和网络 193.1.1.0/24 构成一个 OSPF 区域，共分为 6 个子网。为了节省 IP 地址，可用无分类编址，例如用 193.1.5.0/27 涵盖所有分配给实现路由器互连的接口的 IP 地址，对路由器 R11 的路由表而言，到 R12(2)-R13(1) 的网络、R13(3)-R14(2) 的网络，均有两条路由可达。

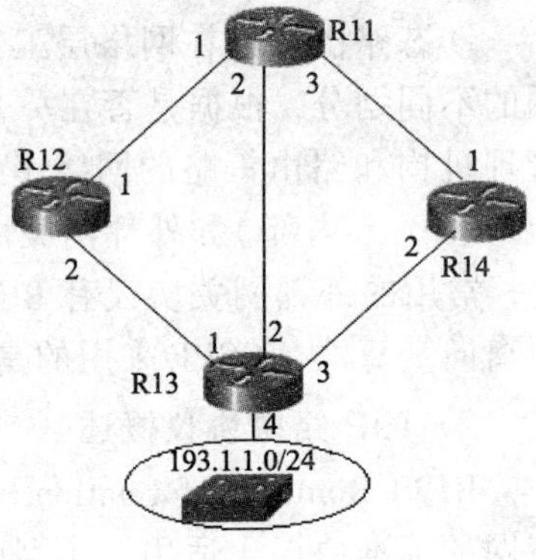

图 6-4-2　OSPF 单区域网络结构

三、实验任务

（1）掌握 RIP 路由协议的配置并了解动态路由项的建立过程。

（2）掌握 OSPF 路由协议的配置并理解动态路由项的建立过程。

四、实验环境

软件环境：Cisco Packet Tracer（V7.1.1 版或以上）。

五、实验课时和类型

（1）课时：2 课时。

（2）类型：技能训练型。

六、实验内容

1. 熟悉 RIP 路由协议的配置和建立动态路由项的过程

步骤 1：创建网络图

（1）参考图 6-4-1 所示的网络结构，在 Packet Tracer 的逻辑工作区放置和连接网络设备，放置和连接好后，界面如图 6-4-3 所示。更改路由器显示名，名称为 R1、R2 和 R3。

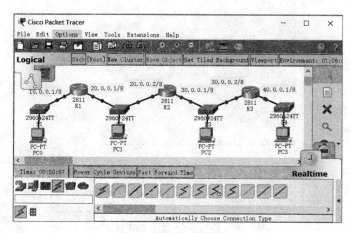

图 6-4-3　放置和连接网络设备后的逻辑工作区界面

（2）按照图 6-4-3 所示的路由器接口配置信息，在图 6-4-4 所示的路由器的图形接口界面，为路由器接口配置 IP 地址和子网掩码，选中 On 复选框以启动接口。

（3）完成接口 IP 地址和子网掩码配置后，路由器自动生成路由表中的直连路由项。在特权模式下，用 show ip route 命令显示路由器 R1、R2 和 R3 的路由表，将路由表中的直连路由项信息记录在表 6-4-1 中。无信息用中画线标记，无经过路由器的跳数记为 0。

图 6-4-4　路由器的图形接口配置界面

表 6-4-1　路由器中的直连路由项

路　由　器	目的网络地址	路由器端口名	下一跳路由器地址	跳　　数
R1				
R2				
R3				

步骤 2：配置 RIP 协议

（1）使用图形接口配置方式完成 RIP 的配置过程。图 6-4-5 所示为路由器 R1 的 RIP 图形接口配置界面，用于指定路由器直接参与 RIP 建立动态路由项的网络名。在图形接口配置方式下，只能启动 RIPv1。配置完成后，在表 6-4-2 中记录 RIP 配置命令。

图 6-4-5　图形接口配置 RIP 界面

表 6-4-2　RIP 配置命令

配 置 要 求	命 令 提 示 符	命 令	功 能
R1	R1(config)#		进入 RIP 配置模式
	R1(config-router)#		指定参与 RIP 创建动态路由项的直连网络名
R2	R2(config)#		进入 RIP 配置模式
	R2(config-router)#		指定参与 RIP 创建动态路由项的直连网络名
R3	R3(config)#		进入 RIP 配置模式
	R3(config-router)#		指定参与 RIP 创建动态路由项的直连网络名

（2）完成配置后，路由器之间开始通过交换 RIP 路由信息创建用于指明通往没有与其直接连接的网络的动态路由项，最终达到收敛状态。在特权模式下，用 show ip route 命令显示路由器 R1、R2 和 R3 的路由表，将路由表中动态路由项（行首有标识符 R）信息记录在表 6-4-3 中。路由项中显示的 120 为管理距离值，用于指明该路由项的优先级，管理距离值越小，优先级越高。

表 6-4-3　路由器中的动态路由项

路　由　器	目的网络地址	路由器端口名	下一跳路由器地址	跳　数
R1				

续表

路　由　器	目的网络地址	路由器端口名	下一跳路由器地址	跳　　数
R2				
R3				

（3）由于路由器 R1 连接的网络 10.0.0.0、R2 连接的网络 20.0.0.0 上无其他路由器，而 R1 和 R2 事先未知，仍会从连接这两个网络的接口上每 30 s 发送一次更新，将这两个接口设置成被动接口，只接收、不发送路由更新，以节省带宽。用 passive- interface 命令设置，例如，R1(config-router)#passive-interface f0/0、R2(config-router)#passive-interface f0/1。

（4）为 RIP 协议配置计时器参数，例如，R1(config-router)#timers basic 30 180 180 240；设置默认计时器时间：更新周期 30 s、无效时间 180 s、保持时间 180 s、刷新时间 240 s。

（5）在特权模式下，用 debug ip rip 命令，开启查看 RIP 路由协议的动态更新过程，用 no debug ip rip 命令关闭查看。用 clear ip route *命令，清除路由表中的动态路由项，用 show ip protocols 查看路由器的路由协议配置和统计信息。

步骤 3：测试网络的联通性

（1）启动 PC 桌面上的 IP 配置程序，参考表 6-4-4，在 IP 配置界面上，输入 IP 地址、子网掩码和默认网关。

表 6-4-4　终端的 IP 地址配置

终　　　端	IP 地址/子网掩码	默认网关	终　　　端	IP 地址/子网掩码	默认网关
PC0	10.0.0.2/255.0.0.0	10.0.0.1	PC2	30.0.0.3/255.0.0.0	30.0.0.1
PC1	20.0.0.3/255.0.0.0	20.0.0.1	PC3	40.0.0.2/255.0.0.0	40.0.0.1

（2）用简单报文测试工具，测试终端之间的联通性，配置正常的情况下，所有终端均能相互通信成功。

2. 掌握 OSPF 路由协议的配置并理解动态路由项和自治系统内部路由项建立过程

步骤 1：创建 OSPF 网络结构

（1）在 Packet Tracer 的逻辑工作区，按照图 6-4-2 所示的自治系统网络结构放置设备，单击进入路由器的配置界面，修改显示名称为 R11、R12、R13、R14。

（2）由于路由器 2811 原始配置中只有两个以太网接口，需要为路由器 R11 和 R13 增加以太网接口模块。分别进入路由器 R11 和 R13 的物理界面，关闭路由器电源，选中模块栏中的 NM-2FE2W 模块，将其拖放到路由器插槽，打开路由器电源。

（3）完成设备连接，显示的网络结构图如图 6-4-6 所示。

步骤 2：配置路由器端口 IP 地址并查看路由表

（1）按照表 6-4-5，为各路由器的接口配置 IP 地址和子网掩码。这里使用地址块 192.1.5.0/27 涵盖本自治系统内路由器相互连接的接口的 IP 地址，使用地址块

193.1.5.0/27 指定路由器中所有参与 OSPF 动态路由项建立过程的接口和直接连接的网络，可较好地简化 OSPF 协议的配置。

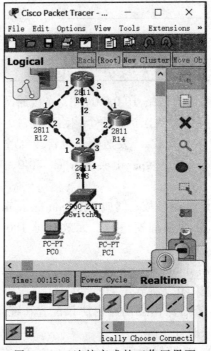

图 6-4-6　连接完成的工作区界面

表 6-4-5　自治系统路由器接口 IP 地址

路 由 器	接　　口	IP 地址和子网掩码	直 连 网 络	地　址　块
R11	1	193.1.5.1/255.255.255.252	R11(1)–R12(1)	
	2	193.1.5.5/255.255.255.252	R11(2)–R13(2)	
	3	193.1.5.9/255.255.255.252	R11(3)–R14(1)	
R12	1	193.1.5.2/255.255.255.252		193.1.5.0/27
	2	193.1.5.13/255.255.255.252	R12(2)–R13(1)	
R14	1	193.1.5.10/255.255.255.252		
	2	193.1.5.18/255.255.255.252	R14(2)–R13(3)	
R13	1	193.1.5.14/255.255.255.252		
	2	193.1.5.6/255.255.255.252		
	3	193.1.5.17/255.255.255.252		
	4	193.1.1.1/255.255.255.0		193.1.1.0/24

（2）完成路由器接口的 IP 地址和子网掩码的配置，并启动接口。用 show ip route 命令，查看路由器自动生成的直连路由表项（行首有标识符 C），记录在表 6-4-6 中。

表 6-4-6　路由器中的直连路由项

路　由　器	目的网络地址	路由器端口名	下一跳路由器地址	度　　量
R11				
R12				
R13				
R14				

步骤 3：配置 OSPF 路由协议

（1）路由器配置 OSPF 协议，在全局配置模式下，输入命令 R11(config)#route ospf 11，进入 OSPF 配置模式。输入 R11(config-router)#network 193.1.5.0 0.0.0.31 area 1，指定路由器 R11 的所有接口和直连的网络（参与区域 1 的 OSPF 动态路由项建立过程）。用类似方法为路由器 R12、R14 配置 OSPF，其中的进程号改为 12、14。对于 R13，除了进程号改为 13，还需要增加一条配置命令，即 R13(config-router)#network 193.1.1.0 0.0.0.255 area 1。

（2）各个路由器完成 OSPF 配置后，就开始创建动态路由项的过程，创建完成后，在特权模式下，用 show ip route 命令显示路由器 R11、R12、R13 和 R14 的路由表，将路由表中动态路由项（行首有标识符 O）信息记录在表 6-4-7 中。

表 6-4-7　路由器中的动态路由项

路　由　器	目的网络地址	路由器端口名	下一跳路由器地址	度　　量
R11				
R12				
R13				

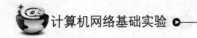

续表

路 由 器	目的网络地址	路由器端口名	下一跳路由器地址	度 量
R14				

步骤 4：

用简单报文测试工具，测试路由器之间的联通性，配置正常的情况下，所有终端均能相互通信成功。

七、实验思考题

（1）在本实验的实验内容 1 中，如果将 PC1 的网关设为 20.0.0.2，请问从 PC1 终端 ping PC0，数据包发出的路径，与返回的路径是否相同？请写出数据包发出和返回经过的结点的 IP 地址。

（2）解释静态路由和动态路由的差异和优缺点，以及适用性。

（3）默认路由是路由表中的特殊路由项，解释默认路由的格式，简述其功能和作用。

（4）在本实验的实验内容 2 中，观察 OSPF 协议所生成的路由在网络发生变化时，会发生什么变化？（例如，切断路由器 R11 和 R13 之间的链路）这将会影响整个自治区域内的网络之间的联通吗？

TCP/IP 协议 ‹‹‹

第 7 章

实验 7.1 子网划分和 IP 地址规划

一、实验目的

了解 IP 地址的概念、子网掩码的定义和作用，掌握子网划分的方法和 IP 地址的规划。

二、知识要点

1．IP 地址

IP 地址结构包括两个部分：网络号和主机号。IP 地址的编址方法为：分类 IP 地址、子网划分和无分类编址。分类 IP 地址为 5 个不同的类别：A、B、C、D 和 E，只有前 3 类地址 A、B 和 C 被用于实际主机和路由器接口的编址，D 类地址用于多目组播，而 E 类保留给实验研究用。

一些特殊的 IP 地址，如 3 个保留地址段，仅用于组织内部而不能用于因特网。一些具有特殊含义的 IP 地址，比较常见的包括：网络号为 127 的所有地址都称为环回地址，不能指定给任何一个物理接口用；网络号为全零的 IP 地址是表示本网络上的一个主机号；主机号全零的 IP 地址表示本主机连接的单个网络地址；主机号各位全为 1 的表示本网广播或称为本地广播。

2．子网掩码的概念和作用

子网掩码长度为 32 位，掩码中的各个位与 IP 地址的各个位相对应，如果 IP 地址的一个位对应的子网掩码位为 1，那么该 IP 地址的位属于地址的网络部分。如果 IP 地址中的一个位对应的子网掩码位为 0，那么该 IP 地址位属于主机部分。子网掩码取代了传统的地址类别来决定 IP 地址中一个位是否属于地址的网络或主机部分，实现对一个网络进行子网划分。划分子网后，由于表示网络部分的长度不再固定，所以必须明确指出 IP 地址中用于表示网络的位数。有两种方法表示：一是在 IP 地址后加上 "/N"（N 为表示网络的位数）；二是使用子网掩码表示，例如，10.113.2.201/24 或 10.113.2.201 255.255.255.0。

3．子网划分的方法和 IP 地址规划

若要将一个网络划分为若干个子网（N），常用的一种划分方法如下：

（1）划分子网的个数：2^n，n 是网络位向主机位所借的位数。

（2）每个子网的主机数：2^m-2，m 是借位后所剩的主机位数。

（3）划分后的子网掩码：在原有子网掩码的基础上借了几个主机位，就加几个 1。

（4）每个子网的网络号：主机部分全为 "0"。

（5）每个子网的广播地址：后续的一个子网号-1。

例如，172.16.0.0 是一个 B 类网络。如果主机部分取 2 位划分子网，则可以划分出 4 个子网，每个子网可以容纳 $2^{14}-2=16\,382$ 台主机。表 7-1-1 所示为划分 4 个子网后的 IP 地址规划。

表 7-1-1　172.16.0.0/16 划分成 4 个子网的规划表

B 类网络/子网掩码	子网数=（4）		每个子网的主机数=（16 382）	
	子网地址/网络号位数	子网广播地址（IP 地址）	最小主机 IP 地址	最大主机 IP 地址
172.16.0.0/255.255.0.0(/16)	172.16.0.0/18	172.16.63.255	172.16.0.1	172.16.63.254
	172.16.64.0/18	172.16.127.255	172.16.64.1	172.16.127.254
	172.16.128.0/18	172.16.191.255	172.16.128.1	172.16.191.254
	172.16.192.0/18	172.16.255.255	172.16.192.1	172.16.255.254

划分子网可以提高 IP 地址的利用率，减少在每个子网上的网络广播信息量，使互联网络更加易于管理。但子网划分也带来了一个问题：每进行一次子网划分，会导致一些地址变得不能用，例如主机号部分全 0 和全 1 的地址。当遇到网络中各子网的主机台数不一致的情况时，可根据不同子网的主机数来进行不同位数的子网划分，即可变长子网掩码划分子网法。可变长子网掩码方法可进一步提高 IP 地址利用率，但同一网络中出现子网掩码长度不同的情况。

三、实验任务

（1）掌握子网掩码与子网划分方法。

（2）掌握 IP 地址规划的基本方法。

四、实验环境

软件环境：Cisco Packet Tracer（V7.1.1 版或以上）。

五、实验课时和类型

（1）课时：2 课时。

（2）类型：技能型。

六、实验内容

掌握子网掩码与子网划分方法

现在有一个学校的计算机系，新建了 3 个实验室，主机数量分别是 60 台、50 台和 45 台。给定一 C 类网络地址 192.168.1.0/24，需要进行子网划分，并分配给这 3 个实验室使用，网络拓扑如图 7-1-1 所示。

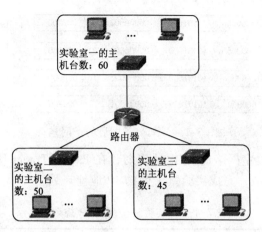

图 7-1-1　实验室网络图

步骤 1：确定子网占用的位数

（1）对于 C 类地址，首先确定要从 8 位主机位中借用多少位作为子网地址。现需要子网数量 $N=3$，则应用公式：$2^n \geqslant N$，满足 $2^n \geqslant 3$ 的最小的 n 值为 2，$n=2$ 说明子网位数为 2 位，将会从主机位中借出最高的两位作为子网位，剩余的 6 位作为主机号使用，如图 7-1-2 所示。

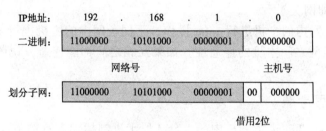

图 7-1-2　向主机位借 2 位组成子网位

（2）检查每个子网拥有的主机数。现主机位数是 6 位，应用公式：$2^6-2=64-2=62$，每个子网所能容纳的主机台数是 62，满足实际需要。

步骤 2：确定子网掩码

增加 2 位表示子网位后，原网络号增加到 26 位，主机号变成 6 位，则子网掩码如图 7-1-3 所示，由原先的 255.255.255.0 变成了 255.255.255.192。

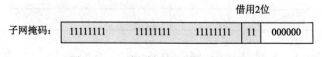

图 7-1-3　划分子网后的子网掩码

步骤 3：确定子网的网络号

利用借出的 2 位可以组成 $2^2=4$ 个子网号，子网地址如图 7-1-4 所示，可以任选 3 个用于 3 个实验室的子网。

子网号1:	11000000	10101000	00000001	00	000000	192.168.1.0/26
子网号2:	11000000	10101000	00000001	01	000000	192.168.1.64/26
子网号3:	11000000	10101000	00000001	10	000000	192.168.1.128/26
子网号4:	11000000	10101000	00000001	11	000000	192.168.1.192/26

图 7-1-4　划分子网后的子网号

步骤 4：完成实验室网络的 IP 地址规划，在 Packet Tracer 环境下进行模拟测试

（1）在表 7-1-2 中，完成实验室子网的 IP 地址规划。

表 7-1-2　实验室子网的 IP 规划表

部　门	子网地址/子网掩码	最小主机 IP 地址	最大主机 IP 地址	网　关
实验室一				
实验室二				
实验室三				

（2）用 Packet Tracer 软件，创建如图 7-1-1 所示的网络拓扑图，按照表 7-1-2 中的 IP 地址参数，为主机配置 IP 地址、子网掩码、网关地址，为路由器接口配置正确的 IP 地址（即网关）。

（3）同一子网内的主机进行 ping 操作、不同子网中的主机进行 ping 操作，测试子网内和不同子网之间主机的连通性。如果互相之间都能连通，说明子网划分和 IP 地址规划正确。

七、实验思考题

（1）将表 7-1-3 左边第一栏中的点分 4 段十进制标记表示的 IP 地址，转换成 32 位二进制标记表示，其中每行的 4 个空格对应 4 个十进制数的 8 位二进制数表示，如果换算后的二进制数长度不足 8 位，要求在左边加 0 补充到长度为 8 位。

表 7-1-3　IP 地址的 32 位二进制标记

点分四段十进制标记	32 位二进制标记			
64.188.39.250				
129.200.39.233				
202.45.67.89				

（2）需要对一 C 类网络 193.168.10.0 进行子网划分，所使用的子网掩码是 255.255.255.192(/26)，请按照子网划分的方法计算，回答以下 5 个问题。①列出子网数。②列出每个子网中的主机数。③列出每个子网的子网号。④列出每个子网的广播地址。⑤列出每个子网最小的主机号和最大的主机号。将结果填入表 7-1-4 中。

表 7-1-4 193.168.10.0/24 划分成 4 个子网的规划表

C类网络/子网掩码	子网数 = ( )		每个子网的主机数 = ( )	
	子网号（十进制数表示）	子网广播地址（IP 地址）	最小主机 IP 地址	最大主机 IP 地址
193.168.10.0/255.255.255.192(/26)				

（3）如图 7-1-5 所示，有一个 B 类网，网络地址为 172.16.0.0，内部分为 3 个子网。现已经给出一个子网内的一台主机的 IP 地址和子网掩码，请给出另外一个子网中的一台主机的 IP 地址和子网掩码，标出两个路由器 R1 和 R2 互连的子网中，R1路由器和 R2 路由器端口的 IP 地址。

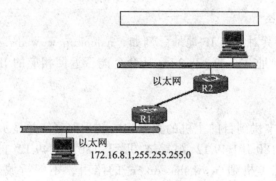

图 7-1-5 练习 3 附图

（4）假定某子公司分配了一段 IP 地址 192.168.1.0/24，目前下属有 5 个部门 A～E，其中 A 部门有 50 台主机，B 部门 20 台主机，C 部门 30 台主机，D 部门 15 台主机，E 部门 20 台主机，由一台路由器连接 5 个部门的网络。如果你是该公司的网管，请问怎么去划分子网和规划 IP 地址？（提示：使用可变长子网划分方法）

实验 7.2 常用 TCP/IP 网络命令的使用

一、实验目的

掌握 Windows 系统中常用的 ipconfig、ping、arp、nslookup、tracert、netstat 等网络命令的使用，熟悉使用网络命令解决网络问题的方法。

二、知识要点

1. ipconfig 命令

ipconfig 命令用来显示或改变本机网络接口（网卡）的配置。例如，ipconfig /all，显示本机全部网络接口的配置信息，包括网卡地址、IP 地址、子网掩码、默认网关和 DNS 服务器 IP 地址等信息。

2．ping 命令

ping 命令用来测试本机到目的主机的网络连通性和可达性。例如，ping 127.0.0.1（环回地址），若 ping 不通，说明本机 TCP/IP 不能够正常工作，需要重新安装或配置。ping 本机的 IP 地址，如果 ping 不通，说明网卡或网卡驱动程序可能存在问题。ping 192.1.1.1（为某一主机或路由器接口的 IP 地址），测试本机和 192.1.1.1 的连通性。ping www.sbs.edu.cn（域名），测试本机和 www.sbs.edu.cn 的连通性。

3．arp 命令

arp 命令用来显示或更改本机的 ARP（地址解析协议）缓存表中存储的项目，由 IP 地址和经过解析获得的物理地址组成。例如，arp −a 显示本机所有接口的 ARP 缓存表。arp −s 192.168.1.1 01-16-7C-D7-96 为 ARP 表增加一条静态的项目，且在本机重启前一直有效。arp −d 192.168.1.1 删除 ARP 表中的一条 IP 地址 192.168.1.1 对应的特定项目。

4．nslookup 命令

用来查询域名和其对应的 IP 地址。例如，nslookup www.sbs.edu.cn（域名）可获得该域名对应的 IP 地址 222.72.138.204。从命令能否返回相应的 IP 地址，可判断 DNS 服务器是否工作正常。

5．tracert 命令

tracert 用来跟踪本机到目的主机的数据包的转发路径，并显示到达每个结点的时间。例如，tracert 180.101.49.12 跟踪本机到 180.101.49.12 的路由。tracert −d www.sbs.edu.cn，跟踪本机到 www.sbs.edu.cn 的路由，不解析域名。tracert −w 100 www.sbs.edu.cn，跟踪本机到 www.sbs.edu.cn 的路由，时间间隔为 100 ms。

6．netstat 命令

netstat 用来显示本机的网络连接状态和网络协议统计信息。例如，netstat −a 显示全部连接协议信息和端口监听状态；netstat −r 显示本机的路由表；netstat −s 显示本机按照协议的统计信息。

若在一个局域网中突然发现网络通信中断了，例如打开浏览器不能上网了，而物理设备完全正常的情况下，就可利用 TCP/IP 网络命令，进行故障的分析和排查。

三、实验任务

（1）掌握 ipconfig、ping、arp、nslookup、tracert 和 netstat 命令的使用。

（2）了解应用网络命令排查网络问题的方法。

四、实验环境

（1）软件环境：安装 Windows 操作系统。

（2）硬件环境：接入因特网的机房。

五、实验课时和类型

（1）课时：2 课时。

（2）类型：技能训练型。

六、实验内容

1. 掌握 ipconfig、ping、arp、nslookup、tracert 和 netstat 命令的使用

步骤 1：ipconfig 命令的使用

（1）打开 Windows 系统中的"命令提示符"窗口。输入命令 ipconfig，显示本机所有网络接口的 IP 配置信息，包括 IP 地址、子网掩码和默认网关值。

（2）在"命令提示符"窗口中输入命令 ipconfig /all（命令和选项之间需要空格），显示本机所有网络接口的详细配置报告，将本机处于正常连接的接口的配置信息记录在表 7-2-1 中。

表 7-2-1　本机正常连接的网络接口（网卡）的配置信息

本 地 连 接	内　容	
IPv4 地址和 IPv6 地址（如果存在）	（IPv4）	
	（IPv6）	
子网掩码		
默认网关		
内置于本地网卡中的物理地址（MAC）	(MAC)	
	(网卡描述)	
有无启动 DHCP 服务器		
DNS 服务器 IP 地址		

步骤 2：ping 命令的使用

（1）使用命令 ping IP 地址，测试本机与其他 4 台计算机之间的连通性，将测试结果记录在表 7-2-2 中。4 台计算机为相邻的、同一机房的、其他机房和特定 IP 地址（10.1.1.1）。

表 7-2-2　测试本机和其他 4 台计算机的连通性

本机的 IP 地址	目标 IP 地址	发出的数据包数目	接收的数据包数目	平均响应时间	连通（通/否）

（2）用 ping 命令测试本机与网关、DNS 服务器的连通性，将结果记录在表 7-2-3 中。

表 7-2-3　测试本机和网关、DNS 服务器的连通性

目　　标	发送/接收的数据包数目	平均响应时间	连通（通/否）
网关 IP 地址			
DNS 服务器 IP 地址			

（3）根据表 7-2-4 第一栏中列出的网址，依次 ping 网址，将获得的 IP 地址记录在表 7-2-4 中的第二栏，若未获取到就填无。再打开浏览器，在地址栏中输入网址，获取网址对应的实体单位信息，若未获取，请解释原因。

表 7-2-4　ping 命令测试结果

网　　址	目标计算机 IP 地址	目标计算机所属的单位
www.sbs.edu.cn		
www.ibm.com		
www.sjtu.edu.cn		

步骤 3：arp 命令的使用

（1）在"命令提示符"窗口中输入命令 arp -a，显示本机 ARP 缓存内容。选择本机房内其他三台计算机，依次进行 ping 操作。输入命令 arp -s 192.168.1.1 01-16-7C-D7-96-78 增加一条静态表项，然后输入命令 arp -a，再一次显示本机 ARP 缓存。

（2）对比前后两次显示的 ARP 缓存内容，将有差异的项目记录在表 7-2-5 中。

表 7-2-5　列出两次 ARP 缓存列表中有差异的项

序　　号	IP　地　址	MAC　地　址	类　　型

步骤 4：nslookup 命令的使用

按照表 7-2-6 第一栏中的域名，在"命令提示符"窗口中输入命令 nslookup 域名。观察命令执行完成后返回的显示，在表 7-2-6 中记录相关信息。

表 7-2-6　nslookup 命令运行后返回显示

域名（name）	域名对应的 IP 地址（address）	正在工作的 DNS 服务器的主机名（server）	DNS 服务器的 IP 地址（address）	DNS 服务器正向解析（正常/不正常）
www.sbs.edu.cn				
www.163.com				
edu.cn				

步骤 5：tracert 命令的使用

（1）在"命令提示符"窗口中输入命令 tracert -d www.baidu.com，跟踪从本地主机访问百度网站所经历的路由，解读命令执行结果，完成表 7-2-7 中的相关统计信息。

表 7-2-7　从本机到百度网站的路由跟踪信息统计

项　目	统 计 信 息
百度网站对应的 IP 地址	
本机到百度网站共经过多少个路由结点	
本机对应的默认网关	
本机连接到默认网关后面的路由结点的时间（ms）（第 2 列）	
从默认网关后面的路由结点返回本机时间（ms）（第 3 列）	
本机和默认网关后面的路由结点之间的平均往返时长（第 4 列）	
本机和哪些路由结点之间出现超时（*）	

（2）相隔 10 min 左右，再次输入命令 tracert www.baidu.com，观察显示结果，对比经过的路由结点数有无改变。

步骤 6：netstat 命令的使用

（1）在"命令提示符"窗口中输入命令 netstat –e，显示以太网统计信息，如发送和接收的字节数、数据包数等基本的网络流量信息。在表 7-2-8 中记录当前网络统计信息。

表 7-2-8　netstat –e 命令运行后显示的网络流量数据

接收的字节数		发送的字节数	
接收的单播数据包数		发送的单播数据包数	
接收的非单播数据包数（组播或广播）		发送的非单播数据包数（组播或广播）	

（2）在"命令提示符"窗口中输入命令 netstat –a，显示本机所有已建立的连接（ESTABLISHED）和侦听的连接（LISTENING）信息列表。输入命令 netstat –s，显示本机按照各个协议显示的统计数据。

（3）在"命令提示符"窗口中输入命令 netstat –r，显示本机路由表的信息。

2．了解应用网络命令排查网络问题的方法

假设本地局域网的 IP 地址是静态配置的，试着用命令 netsh 修改当前网卡的配置信息。例如，将网关的 IP 地址改为现地址加 1 或减 1，将域名服务器 IP 地址改为现地址加 1 或减 1。修改命令如下：

```
netsh interface ip set address name="网卡名称"source=static address=本机 IP mask=子网掩码 gateway=网关 IP 地址加 1 或减 1
```

修改完成后，尝试模拟一次网络故障排查，操作步骤如下：

（1）打开浏览器，发现不能上网。

（2）先用 ipconfig 命令检查本机的配置信息，可得到本机的网关 IP 地址，运用 ping 命令，检查和该网关的连接是否正常。

（3）从 ping 回馈的信息，会看到本机到网关的数据包全部丢失了，故可将问题基本锁定在本网段的内部。用 arp 命令查看本机的 ARP 缓存，一般而言，第一个动态项为网络正常使用时网关 IP 地址和其网卡 MAC 地址的绑定。运用 ping 命令，检查和该地址连接是否正常，若能连通，使用 netsh 命令重新设置正确的网关 IP 地址。

（4）问题得以排除后，打开浏览器，可恢复正常上网。

七、实验思考题

（1）ping 命令基于什么协议？ping 命令用到了这个协议的哪种类型的报文？

（2）如果一台主机能 ping 通自己，但是不能上网，假设硬件和网络设备方面工作正常，试分析可能存在的原因有哪些。

（3）ping 子网外的主机（例如 www.baidu.com）后，为何在本机的 ARP 缓存中不能记录该机对应的网卡 MAC 地址？

（4）简述常用的网络命令有哪些，各自的功能是什么。

（5）可以用来查看一个域名对应的 IP 地址是什么的网络命令有哪些？请举例说明。

实验 7.3　了解地址解析协议（ARP）

一、实验目的

了解地址解析协议（ARP）的概念和工作过程，加深理解 IP 地址与 MAC 地址的关系。

二、知识要点

1. ARP 协议概述

IP 主机之间想要互相通信，除了要知道对方主机的 IP 地址（目的 IP 地址）以外，还要获悉其 MAC 地址，因为 IP 数据包要封装进第二层的以太网帧才能在以太网上传送。ARP 的用途就是根据已知目的主机的 IP 地址，解析出与其对应的 MAC 地址。即目的主机的 IP 地址已知、MAC 地址未知的情况下，要想向其发送 IP 数据包，须先行发送 ARP 请求数据包，以解析出目的主机的 MAC 地址。收到目的主机发出的 ARP 响应数据包，获知 MAC 地址之后，才能向其发送 IP 数据包。

若向本子网内的主机发送 IP 数据包，须先行发送 ARP 请求数据包，解析出相应主机的 MAC 地址。若向本 IP 子网之外的主机发送 IP 数据包，也必须先行发送 ARP 请求数据包，解析出本子网中默认网关（出口路由器）的 MAC 地址。

2. ARP 报文格式

以太网的 ARP 请求/应答报文格式如图 7-3-1 所示。

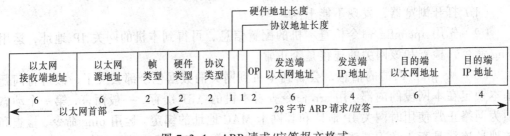

图 7-3-1　ARP 请求/应答报文格式

ARP 数据包的目的 MAC 地址为广播地址，因此 ARP 协议的作用域为本地局域网（或本 IP 子网）。以太网"帧类型"字段的值为 0x0806，表示数据帧运载的数据属于 ARP。

ARP 请求/应答报文各字段的含义如下：

（1）硬件类型字段（2 字节）：标识硬件地址的类型，值为 1 表示以太网地址。

（2）协议类型字段（2 字节）：标识网络层地址类型，值为 0x0800 表示 IP 地址。

（3）硬件地址长度（1 字节）：对于以太网而言，硬件地址的长度为 6 字节，故值为 6。

（4）协议地址长度（1 字节）：对于网络层为 IPv4，值为 4。

（5）操作码 OP（2 字节）字段标识 4 种操作类型：分别为 ARP 请求（值为 1）、ARP 应答（值为 2）、RARP 请求（值为 3）和 RARP 应答（值为 4）。

（6）后续 20 个字节为：发送端的硬件地址（以太网地址）、发送端的协议地址（IP 地址）、目的端的硬件地址（以太网地址）和目的端的协议地址（IP 地址）。

对于一个 ARP 请求报文来说，除目的端硬件地址（填 0 表示未知）外，所有其他字段都要有正确的填充值。当某主机收到一个目的 IP 地址为自己的 ARP 请求报文后，就把自己的硬件地址填进去，然后用请求报文中的两个目的端地址替换应答报文中两个发送端地址，并把操作码 OP 置为 2，最后把应答报文发送回去。

三、实验任务

（1）捕获 ARP 报文。

（2）了解 ARP 请求报文的组成和作用。

（3）了解 ARP 响应报文的组成和作用。

四、实验环境

（1）软件环境：安装 Windows 操作系统、协议分析软件 Wireshark 2.6.7 以上版本和浏览器软件。以 Microsoft Edge 为例。

（2）硬件环境：接入因特网的机房。

五、实验课时和类型

（1）课时：2 课时。

（2）类型：验证型。

六、实验内容

1. 捕获 ARP 数据包

步骤 1：获得本机 IP 地址、清空浏览器缓存和 ARP 缓存

（1）打开浏览器，选择右上角的"设置与其他"→"设置"命令，打开"设置"对话框，单击"选择要清除的内容"，在打开的"清除浏览数据"对话框中，选中"浏览历史记录"、"Cookies 和保存的网站数据"和"缓存的数据和文件"复选框，单击"清除"按钮，关闭浏览器。

（2）在"命令提示符"窗口中输入命令 ipconfig，获得本机 IP 地址，再输入命令

arp –d *，清空 ARP 缓存，输入命令 arp –a，确认清除。

步骤 2：启动 Wireshark 设置正确的选项

（1）启动 Wireshark 软件，单击◉按钮打开 Wireshark 的捕获接口配置窗口，选择捕获用的网卡，取消选择"在所有接口上使用混杂模式"。

（2）在"所选择接口的捕获过滤器"栏中，输入捕获规则 arp，仅捕获 arp 数据包。单击"开始"按钮，打开抓包窗口，开始捕获 ARP 数据包。

步骤 3：捕获 ARP 报文

（1）输入 ping 命令，ping 同一个子网内任何一台主机的 IP 地址，再 ping 百度网站（www.baidu.com）。

（2）在浏览器的地址栏中输入 http://www.sbs.edu.cn，打开上海商学院的主页。

（3）回到 Wireshark 抓包窗口，单击停止按钮 ■，返回如图 7-3-2 所示的 Wireshark 主窗口，显示所有抓获的 ARP 数据包。

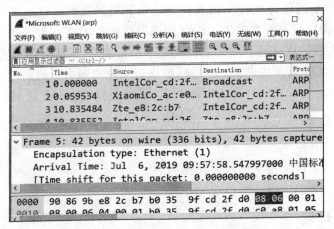

图 7-3-2　Wireshark 主窗口

（4）单击捕获的数据包显示区域中的各个栏目的标题字段（如 Destination），则数据包记录会按照该字段重新排序，或者通过建立过滤表达式来获得满足条件的 ARP 数据包。根据表 7-3-1 中的项目，统计并记录相关信息在表 7-3-1 中。

表 7-3-1　统计各类特征的 ARP 数据包

项　　　目	结　　果
ARP 数据包总数	
广播 ARP 请求数据包总数（Destination 字段下为 Broadcast）	
ARP 应答数据包总数	
单播 ARP 请求数据包总数（info 字段下为"who has…"，Destination 字段下无 Broadcast）	

2．了解 ARP 请求报文的组成和作用

步骤 1：选择显示本机发出的 ARP 请求报文

（1）单击右上角的"表达式"按钮，打开"显示过滤表达式"对话框，在"字段名称"下选择 ARP/RARP 选项，单击左边的"＞"号，在打开的列表中选择

arp.src.proto_ipv4 选项；在关系运算符列表框中，选择"=="选项；在值文本框中，输入本机的 IP 地址，单击 OK 按钮，完成一个表达式。

（2）书写正确的表达式，在显示过滤器中输入由 3 表达式组成的复合表达式 arp.src.proto_ipv4==192.168.1.5&&arp.opcode==1&&eth.dst==ff-ff-ff-ff-ff-ff，单击应用按钮（→），过滤显示本机发出的广播 ARP 请求数据包。

步骤 2：观察并分析 ARP 请求数据包

在"捕获报文列表"窗格中，选择显示在第一行的 ARP 请求数据包，观察其在"协议树窗格"中展开的信息。单击 Address Resolution Protocol（Request）选项行左边的"＞"号，ARP 请求数据包内容会显示出来。观察其组成结构，将各字段的值和含义记录在表 7-3-2 中

表 7-3-2　一个 ARP 请求数据包的组成字段分析

项　　目	值	解释值的语义
硬件地址类型（Hardware Type）		
协议地址类型（Protocol Type）		
硬件地址长度（Hardware Size）		
协议地址长度（Protocol Size）		
操作类型（Opcode）		
发送端 IP 地址		
发送端 MAC 地址		
接收端 IP 地址		
接收端 MAC 地址		
ARP 数据包序号		
运载此 ARP 数据包的帧的总长度（字节）		
ARP 请求数据包的总长度（字节）		

3．了解 ARP 响应报文的组成和作用

步骤 1：选择显示本机接收与上一条 ARP 请求数据包对应的 ARP 响应数据包

在显示过滤器中输入表达式 arp.dst.proto_ipv4==192.168.1.5&&arp.opcode==2，单击应用按钮（→），只显示本机收到的 ARP 应答数据包。

步骤 2：观察并分析 ARP 响应数据包

（1）在"捕获报文列表窗格"中，选择序号最接近上述 ARP 请求数据包的 ARP 响应数据包，观察其在"协议树"窗格中展开的信息。单击 Address Resolution Protocol（Reply）选项行左边的"＞"号，ARP 响应数据包内容会显示出来。观察其组成结构，将各字段的值和含义记录在表 7-3-3 中。

表 7-3-3　一个 ARP 应答数据包的组成字段分析

项　　目	值	解释值的语义
硬件地址类型		
协议地址类型		

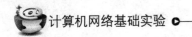

续表

项　　目	值	解释值的语义
硬件地址长度		
协议地址长度		
操作类型		
发送端 IP 地址		
发送端 MAC 地址		
接收端 IP 地址		
接收端 MAC 地址		
ARP 数据包序号		
运载此 ARP 数据包的帧的总长度（字节）		
ARP 请求数据包的总长度（字节）		

（2）解释这两条 ARP 请求数据包和 ARP 应答数据包之间的关系和作用。

七、实验思考题

（1）观察实验中捕获的 ARP 请求数据包，查看运载这些 ARP 请求数据包的以太网帧中的目的 MAC 地址，是否均是广播地址 ff:ff:ff:ff:ff:ff。假如有非广播地址出现，请解释原因和作用。

（2）对比 ARP 请求数据包和 ARP 应答数据包，其发送方式有何差异？组成内容有何区别？

（3）针对 ARP 请求数据包，请回答以下问题：①从帧的开始到 ARP 的 opcode 字段之间有多少字节？②ARP 请求中的 opcode 字段的值是多少？③ARP 报文中包含发送者的 IP 地址吗？④ARP 请求中的 question 字段出现在什么位置？

（4）在回应 ARP 请求的 ARP 应答报文中，请回答以下问题：①从帧的开始到 opcode 字段之间有多少字节？②opcode 字段的值是多少？③answer 字段（包含了对 ARP 请求的回答——即与 IP 地址对应的 MAC 地址）出现在报文的什么地方？④包含 ARP 回应信息的以太网帧中的源 MAC 地址和目的 MAC 地址是位置？

实验 7.4　了解超文市传输协议（HTTP）

一、实验目的

了解有关超文本传输协议（HTTP）的概念，理解 HTTP 协议的报文结构和作用。

二、知识要点

1. HTTP 概述

HTTP 是一种请求/响应式的协议，一个客户机与服务器建立连接后，发送一个 HTTP 请求报文给服务器，服务器接到请求后，发送 HTTP 响应报文给予回应。HTTP 协议交换的报文结构分为请求和响应两大类。

最早的 HTTP 协议版本为 HTTP/0.9,是一种简单的用于网络间原始数据传输协议。RFC 1945 定义的 HTTP/1.0 在原 HTTP/0.9 的基础上，有了进一步的改进，允许消息以类 MIME 信息格式存在。但 HTTP/1.0 没有充分考虑到分层代理服务器、高速缓冲存储器、持久连接需求或虚拟主机等方面的效能。HTTP/1.1 要求更加严格，以确保服务的可靠性。而 HTTPS 协议是 HTTP 和 SSL/TLS 的结合体，用来提供通信加密功能以及认证网络服务器的功能。

2．HTTP 协议报文格式

HTTP 协议报文由首行、头部字段和实体组成。头部字段又分为：通用、请求、响应和实体四类。每个头部字段的格式为头部字段的名称、冒号和该字段名所对应的值，若有多个值时，每个值之间由逗号分隔。如果该值需要优先级，那么在值的后方跟上优先级，优先级 q 取值由 0~1（从低到高）。值与优先级中间由分号相隔，例如，头部字段:值 1,值 2;q=x（0<x<1），一个请求头部字段：Accept-Language:zh-CN,zh;q=0.8,en;q=0.6。

3．HTTP 请求报文和响应报文结构

一个 HTTP 请求报文由三部分组成：首行、请求头和请求体。

（1）首行分为请求类型、URL 和 HTTP 版本，请求类型主要包括获取（GET）、张贴（POST）和报头（HEAD）。例如，GET / HTTP/1.1、POST http://www.sbs.edu.cn HTTP/1.1。

（2）请求头包含通用头部字段、请求头部字段和实体头部字段。例如 Connection:keep-alive、Accept-Language:zh-CN,zh;q=0.8,en;q=0.6 等。

（3）请求体保存具体内容，一般为 POST 类型的参数。例如，name=Peter，age=20。一个 HTTP 响应报文也由三部分组成：响应行、响应头和响应体。

（4）响应行分为报文协议及版本、响应状态码和状态描述，例如 HTTP/1.1 200 OK。状态码字段由 3 位数字组成，表示请求是否被理解或被满足。例如：

- 1xx（100~101）：信息状态码，表示请求已经接收，会继续处理。
- 2xx（200~206）：成功状态码，客户端请求被服务器成功接收并处理后返回的响应。
- 3xx（300~305）：重定向状态码，通常是在身份认证成功后重定向到一个安全页面。
- 4xx（400~415）：客户端错误状态码，包含语法错误或者请求无法实现。
- 5xx（500~505）：服务器端错误状态码，遇到错误而不能完成该请求。

状态码用来支持自动操作，而状态描述是提供用户使用的，进行原因分析。

（5）响应头是服务器用于传递自身信息，包含通用头部字段、响应头部字段和实体头部字段。例如，Age:567890，告知客户端服务器在多久前创建了该响应。Content-Length:6789，服务器告诉浏览器回送数据的长度。

（6）响应体就是响应的消息体，如果请求的是 HTML 页面,那么返回的就是 HTML 代码。

三、实验任务

（1）捕获 HTTP 协议数据包。

（2）了解和分析 HTTP 协议数据包的结构和作用。

四、实验环境

（1）软件环境：安装 Windows 操作系统、协议分析软件 Wireshark 2.6.7 以上版本、浏览器软件，以 Microsoft Edge 为例。

（2）硬件环境：接入因特网的机房。

五、实验课时和类型

（1）课时：2 课时。

（2）类型：验证型。

六、实验内容

1. 捕获 HTTP 协议数据包

步骤 1：清除浏览器缓存并启动 Wireshark 设置选项

（1）打开浏览器，选择右上角的"设置与其他"→"设置"命令，打开"设置"对话框，单击"选择要清除的内容"，在打开的"清除浏览数据"对话框中，选中"浏览历史记录"、"Cookies 和保存的网站数据"和"缓存的数据和文件"复选框，单击"清除"按钮，关闭浏览器。

（2）启动 Wireshark 软件，单击 ◉ 按钮打开 Wireshark 的捕获接口配置窗口，捕获用的网卡，取消选择"在所有接口上使用混杂模式"复选框。

步骤 2：捕获本机和 www.sbs.edu.cn 之间通信的数据包

（1）打开浏览器，在地址栏中输入上海商学院网站（www.sbs.edu.cn），等待主页显示完毕后，关闭浏览器。回到 Wireshark 抓包窗口，单击停止按钮 ■，返回 Wireshark 主窗口，显示所有抓获的数据包。

（2）根据表 7-4-1 的要求，在显示过滤器中输入正确的协议名称，例如 dns，然后检查窗口最后一行的显示统计数，记录在表 7-4-1 中。

表 7-4-1　捕获的数据包的统计信息

要　　　求	过 滤 表 达 式	统 计 信 息
捕获的数据包总数	无	
DNS 协议数据包总数	dns	
HTTP 协议数据包总数	http	
TCP 数据包总数	tcp	
其他协议数据包总数		

（3）根据表 7-4-2 的要求，在显示过滤器中创建满足要求的过滤表达式或复合表达式，显示特定的 HTTP 报文，同时检查窗口最后一行显示的统计数，记录在表 7-4-2 中。例如，只显示访问 www.sbs.edu.cn 的 HTTP 请求数据包，表达式写法为：http.host==www.sbs.edu.cn。

表 7-4-2　特定的 HTTP 数据包和统计信息

要　　求	过滤表达式或复合表达式	统 计 信 息
显示访问 www.sbs.edu.cn 的 HTTP 请求数据包		
显示包含 GET 请求的所有 HTTP 数据包		
显示所有的 HTTP 响应数据包		
显示包含错误状态码的 HTTP 响应数据包		
显示包含成功状态码的 HTTP 响应数据包		

2. 了解和分析 HTTP 协议数据包的结构和作用

步骤 1：了解 HTTP 请求数据包结构

（1）在显示过滤器中输入表达式 http.request==www.sbs.edu.cn，只显示本机发出的访问 www.sbs.edu.cn 的 HTTP 请求数据包，右击第一条 HTTP 请求报文。

（2）在弹出的快捷菜单中选择"追踪流"命令，再选中"HTTP 流"，打开"追踪 HTTP 流"窗口，如图 7-4-1 所示。观察第一个 HTTP 数据包内部，并解释各头部字段域的含义，记录在表 7-4-3 中。

图 7-4-1　Wireshark 追踪 HTTP 流窗口示意图

表 7-4-3　HTTP 请求报文分析

请求 报文	首　行	方　法	URL	HTTP 版本号
	请求头	头部字段名	值	解释含义

步骤 2：了解 HTTP 响应数据包结构

（1）在显示过滤器中输入表达式 http.response and ip.src_host==服务器 IP 地址（例如 222.72.138.204），显示 www.sbs.edu.cn 发出的 HTTP 响应数据包，右击第一条 HTTP 响应报文。

（2）在弹出的快捷菜单中选择"追踪流"命令，再选中"HTTP 流"，打开"追踪 HTTP 流"窗口，观察第二个 HTTP 数据包的内容，并解释各头部字段域的含义，记录在表 7-4-4 中。

表 7-4-4　HTTP 响应报文分析

		HTTP 版本号	状 态 码	描　　述
响应报文	响 应 行			
	响应头	头部字段名	值	解释
	实体类型和字节长度			

步骤 3：了解 HTTP 数据包的交换过程

（1）在显示过滤器中输入过滤表达式，显示所有捕获到的本机浏览器和 www.sbs.edu.cn 网站之间交换的 HTTP 数据包。

（2）右击第一条 HTTP 数据包，在弹出的快捷菜单中选择"追踪流"命令，再选中"TCP 流"，打开"追踪 TCP 流"窗口，将显示出通过该 HTTP 连接交换的全部数据。

（3）观察 HTTP 数据流内容和 Wireshark 捕获窗口，回答表 7-4-5 中的问题并进行记录。

表 7-4-5　HTTP 报文交换过程分析

序　　号	问　　题	结　　果
1	浏览器向服务器发出的第一条 HTTP 请求数据包的序号是多少	
2	完成 TCP 连接的三次握手过程的数据包序号是什么	
3	浏览器收到 Web 服务器的第一条 HTTP 响应数据包的序号是什么	
4	浏览器第一次收到 Web 服务器的数据长度为多少字节	
5	用来承载（第一次从服务器下载）数据的 TCP 报文段有哪些（写出序号）	
6	第一次收到的 Web 服务器的数据类型是什么（如网页、图片、数据等）	
7	浏览器在第一次请求后，后续一共发出多少个 GET 请求	
8	浏览器收到 Web 服务器响应的图片文件类型有哪些（如 gif、jpg 等）	
9	浏览器向服务器发出的最后一条 HTTP 请求数据包的序号是多少	
10	浏览器收到的最后一条 HTTP 响应数据包的序号是多少	

七、实验思考题

（1）在 Wireshark 环境中，捕获的 HTTP 请求报文和响应报文中，显示的 HTTP 版本号是什么？两种报文中可以使用不同的版本号吗？

（2）上网查阅关于 HTTP1.1 的协议标准文档（RFC2612），找出标准中定义的 8 种基本的 HTTP 请求方法，列出方法名称并简述其功能。

（3）在 HTTP 请求报文中，最常用的方法是 GET 和 POST，请问 GET 和 POST 方法有什么区别？在 Wireshark 环境中，浏览器如何访问服务器才能捕捉到 POST 请求报文？

（4）如果用户向服务器请求的网页不存在，请问服务器会发送怎样的响应报文到用户浏览器？该响应报文中的状态码值是什么？其含义是什么？

Internet 技术与应用 ≪≪

◀ 第 8 章

实验 8.1　Internet 的接入和配置

一、实验目的

学习和了解用户接入 Internet 的基本方法和访问过程，掌握用户终端或局域网宽带接入 Internet 的连接、配置和认证过程，加深理解 Internet 接入技术。

二、知识要点

用户要连接 Internet，必须先连接到某个 ISP，以便获得上网所需要的 IP 地址。用户使用宽带技术连接到 ISP 网络，所用的宽带接入技术可分为有线宽带接入和无线宽带接入。有线宽带接入方式主要包括 ADSL（非对称数字用户线）技术、HFC（光纤同轴混合网）技术和 FTTx（光纤接入网）技术等。

ADSL 技术是基于普通电话线的一种宽带接入技术，为用户提供上行速率达到 1 Mbit/s、下行速率达到 8 Mbit/s 的非对称传输速率。ADSL 接入 Internet 有两种主要方式：专线接入和虚拟拨号方式。专线接入方式主要针对企业用户，由 ISP 提供静态 IP 地址、主机名称、DNS 等入网信息等。虚拟拨号方式主要针对家庭用户，使用 PPPoE 协议软件，用户按照传统电话拨号方式，经 ISP 的身份认证通过后，才可以上网。

网络服务提供者（ISP）为了保证远程访问的网络安全，常用"认证"来确认远端访问用户的身份，认证方式一般以一个用户标识和一个与之对应的口令来识别用户。常用的几种主流认证方式为 PPPoE 认证方式、Web 认证方式和 802.1x 认证方式。

三、实验任务

（1）模拟用户终端通过 ADSL 接入 ISP 网络并拨号访问 Internet。

（2）模拟家庭用户局域网通过 ADSL 接入 ISP 网络并共享上网。

四、实验环境

软件环境：Cisco Packet Tracer（V7.1.1 版或以上）。

五、实验课时和类型

（1）课时：2 课时。

（2）类型：技能训练型。

六、实验内容

1. 模拟用户终端通过 ADSL 接入 ISP 网络并拨号访问 Internet

宽带接入网络结构如图 8-1-1 所示。在家庭网络部分，主机 0 和主机 1 通过 ADSL 调制解调器接入模拟电话网络，再通过 ISP 网络接入 Internet，家庭用户通过 PPPoE 拨号上网。主机 0 的用户名和口令为<user-0，12345>，主机 1 的用户名和口令为<user-1，67890>。

设备包括 2 台 PC、2 个 DSL-Modem、2 台 2960 交换机、1 台 2811 型路由器、1 个未插模块的网云(Cloud-PT-Empty)、1 台服务器、交叉线 2 根、直通线 5 根、电话线 2 根。

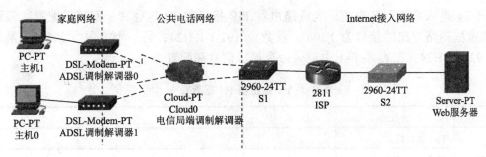

图 8-1-1　宽带接入网络图

步骤 1：搭建网络拓扑图并为设备添加模块

（1）启动 Packet Tracer，参照图 8-1-1 所示的宽带接入网络图，在逻辑工作区放置设备。

（2）Cloud-PT 设备（Cloud0）用于模拟电话网络，需要添加 2 个 PT-CLOUD-NM-1AM 模块（RJ-11 接口），连接 DSL 的 Port0 口；添加 2 个 PT-CLOUD-NM-1CFE 模块（RJ-45 接口），用于连接 ISP 的接入网络。单击进入 Cloud-PT 的物理配置界面，关闭电源，选中模块拖放到插槽中。完成后开启电源，如图 8-1-2 所示。

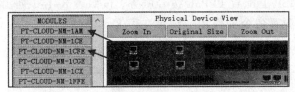

图 8-1-2　Cloud-PT 设备安装接口模块

（3）选择正确的连接线连接设备，或选用"自动选择连接线" ⚡，完成设备的连接。

步骤 2：配置网云和路由器接口

（1）单击进入 Cloud0 的配置页，选择 DSL，设置 Modem3 和 FastEthernet8、Modem4 和 FastEthernet9 相连，单击 Add 按钮加入，如图 8-1-3 所示。

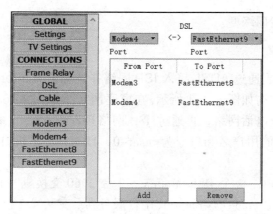

图 8-1-3   局端调制解调器和以太网接口的关系

（2）进入全局配置模式，完成路由器 ISP 接口的 IP 地址和子网掩码配置，假设连接家庭网络方向的接口为 Fa0/0，参数为 192.1.1.1/24；另一个方向为 Fa0/1，参数为 192.1.2.1/24。在表 8-1-1 中记录命令提示信息和配置命令。

表 8-1-1   路由器 R1 配置命令

接　口	操　作	提　示　符	命　令　行
	转入接口模式		
Fa0/0	配置 IP 地址和掩码		
	激活接口		

步骤 3：配置路由器的虚拟拨号服务

（1）进入全局配置模式，输入命令 hostname ISP，将接入网中的控制路由器改名为 ISP。输入命令 aaa new-model，启动鉴别模式，再输入命令 aaa authentication ppp a1 local，指定名为 a1 的鉴别列表和本地身份鉴别，鉴别列表名可取其他值。输入命令 username user-0 password 12345，建立授权用户的身份信息（用户名和口令），再建立另一用户信息。

（2）在路由器 ISP 上配置 PPPoE 拨号服务，按照表 8-1-2 列出的配置命令，完成配置，并解释部分配置命令的作用，记录在表 8-1-2 中。

表 8-1-2   配置 ISP 路由器的 PPPoE 拨号服务

序　号	配　置　命　令	作　　用
1	ISP(config)#vpdn enable	启用路由器的虚拟专用拨号网络（vpdn）
2	ISP(config)#vpdn-group b1	创建一个 ADSL 组并进入组配置模式
3	ISP(config-vpdn)#accept-dialin	
4	ISP(config-vpdn-acc-in)#protocol pppoe	
	ISP(config-vpdn-acc-in)#virtual-template 1	

（3）创建地址池，为通过认证的用户分配 IP 地址。地址池名称可以任意设置，但尽量使用有意义的名称，方便在配置虚拟模板接口时用，命令格式为 ip local pool ap

192.1.1.2 192.1.1.254，可以选择其他合适的 IP 地址区间，地址名为 ap。

（4）在全局模式下，进入路由器 ISP 的虚拟拨号模板 1 的接口，从 ap 地址池为 PPP 链路的对端分配 IP 地址、配置虚拟模板接口无编号 IP 地址（即借用 Fa0/0 接口 IP 地址），PPP 链路使用 chap 验证。命令格式参考表 8-1-3，配置完成后，请解释表中配置命令的作用。

表 8-1-3　路由器 R1 的 PPPOE 拨号服务配置

序　号	配　置　命　令	作　用
1	R1(config)#interface Virtual-Template1	
2	R1 (config-if)#peer default ip address pool ap	
3	R1 (config-if)#ip unnumbered f0/0	
4	R1 (config-if)#ppp authentication chap a1	

（5）进入在 Fa0/0 接口模式，输入命令 PPPoE enable，启动 PPPoE 功能。

步骤 4：用户拨号并测试连通

（1）单击主机 0 图标，选择 Desktop 选项卡，单击 PPPoE Dialer，在打开的对话框中，在 User Name 处输入 User-0，Password 处输入 12345，单击 Connect 按钮，若连接成功，则弹出连接成功提示信息，如图 8-1-4 所示。在主机 1 中用另一个用户身份连接。

（2）配置 Web 服务器的 IP 地址、子网掩码和网关，例如，192.1.2.2/24，网关 192.1.2.1。

（3）单击 Command Prompt，在命令提示符下，ping Web 服务器 IP 地址，记录测试结果在表 8-1-4 中，在主机 1 中用另一个用户身份进行类似测试。

（4）单击"Web 浏览器"，输入 http://web 服务器的 IP 地址，记录访问结果在表 8-1-4 中，在主机 1 中用另一个用户进行类似测试。

图 8-1-4　主机 PPPoE 连接界面

表 8-1-4　拨号用户连网测试结果

主机 0	简述测试方法	结　果
ping 服务器 IP 地址		
Web Browser		

2．模拟家庭用户局域网通过 ADSL 接入 ISP 网络并共享上网

家庭宽带接入网络结构如图 8-1-5 所示，家庭局域网汇聚到无线宽带路由器，通过 ADSL 调制解调器接入 ISP 的电话网络，再通过 ISP 网络接入 Internet，无线宽带路由器通过自动拨号上网。用户名和口令为<user-3，abcde>。

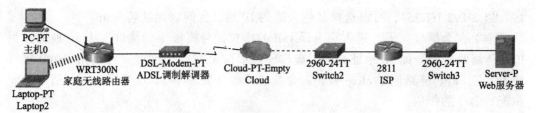

图 8-1-5　家庭用户宽带接入网络图

步骤 1：搭建网络拓扑图并为设备添加模块

（1）在逻辑工作区，根据图 8-1-5 所示的网络结构，完成设备的放置。

（2）为网云 Cloud 安装一个 RJ-11 电话接口模块，安装一个 RJ-45 网络接口模块。

（3）为无线终端 Laptop2 安装无线网卡。单击 Laptop2，在配置页面中选择物理配置选项，关掉主机电源，将原来安装在主机上的以太网卡拖放到左边的模块列表区域，然后将模块 Linksys-WPC300N 拖到主机原来安装以太网卡的位置，模块 Linksys-WPC300N 是支持 802.11、802.11b 和 802.11g 标准的无线网卡。重新打开主机电源。

（4）选择正确的连接线，完成设备的连接。

步骤 2：配置家庭无线路由器

（1）配置家庭无线路由器的 PPPoE 连接程序，配置界面如图 8-1-6 所示。输入用户名和口令，例如<user-3，abcde>，完成配置后，在最后一行处单击保存（Save Settings）。PPPoE 连接程序将定期自动发起连接过程。

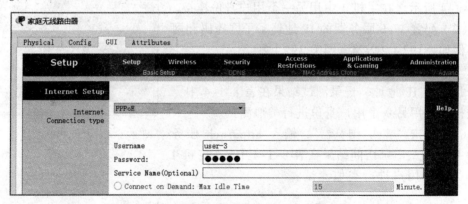

图 8-1-6　家庭无线路由器 PPPoE 配置界面

（2）使用无线路由器默认配置的 DHCP 服务，指定 IP 地址池中的私有 IP 地址范围为 192.168.0.100~192.168.0.149。

（3）为无线路由器配置无线安全协议和密钥，选择 WPA2-PSK 为鉴别协议，将密钥配置为 0123456789，配置界面如图 8-1-7 所示，完成配置后，单击保存（Save Settings）。无线终端的鉴别协议和密钥必须与无线路由器相同，配置界面如图 8-1-8 所示。

步骤 3：配置网云和路由器接口（参考实验内容 1 的步骤 2，完成网云和路由器的接口配置）。

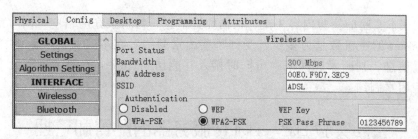

图 8-1-7　无线路由器配置无线安全鉴别协议和密钥的界面

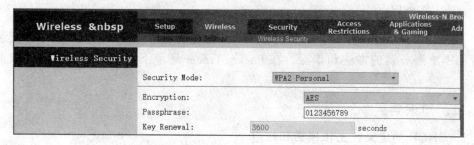

图 8-1-8　无线终端配置无线安全鉴别协议和密钥的界面

步骤 4：配置路由器的虚拟拨号服务

参考实验内容 1 的步骤 3，完成路由器 ISP 的虚拟拨号服务的配置，建立一个本地用户的用户名和口令，例如，<user-3，abcde>。

步骤 5：用户测试连通

（1）配置 Web 服务器的 IP 地址、子网掩码和网关，例如，192.1.2.2/24，网关192.1.2.1。

（2）单击主机 0 的 Command Prompt，在命令提示符下，ping Web 服务器 IP 地址，在 Laptop2 中进行类似测试，记录测试结果在表 8-1-5 中。单击"Web 浏览器"，输入http://web 服务器的 IP 地址，在 Laptop2 中进行类似测试。记录访问结果在表 8-1-5 中，

表 8-1-5　用户连网测试结果

项　　目	简述测试方法	结　果
主机 0 Ping 服务器 IP 地址		
主机 0 用 Web 浏览器访问 Web 服务器（IP 地址）		
Laptop2 ping 服务器 IP 地址		
Laptop2 用 Web 浏览器访问 Web 服务器（IP 地址）		

七、实验思考题

（1）请解释虚拟专用拨号网络（vpdn）的定义，并解释在接入网的控制路由器上如何配置完成 vpdn 服务。

（2）家庭内主机通过无线路由器接入 ADSL 调制解调器时，用户主机无须使用PPPoE 拨号就能上网，请解释其中的原因。

（3）请解释 PPPoE 协议的帧的格式，并简述 PPPoE 协议的主要用途。

（4）在本实验的实验内容 1 中，根据配置信息，判断家庭网络中可同时接入并能访问 Internet 的主机数量为多少？受到哪些因素制约？在本实验的实验内容 2 中，根据配置信息，判断家庭网络中可同时接入并能访问 Internet 的主机数量为多少，受到哪些因素制约。

实验 8.2　DHCP 服务器的配置和管理

一、实验目的

了解 DHCP 服务的作用、相关概念和工作过程，掌握在 Windows Server 中安装和配置 DHCP 服务器的方法和步骤，在 Packet Tracer 环境下观察和理解 DHCP 的工作过程。

二、知识要点

1. DHCP 的定义、工作模式和作用

DHCP（Dynamic Host Configure Protocol，动态主机配置协议），是自动为网络中的站点配置 IP 选项的一套解决方案。在网络中配置 DHCP 服务器，可以为网络内的计算机自动分配指定的 IP 地址，并配置一些重要的 IP 选项，如默认网关、DNS 服务器、WWW 代理服务器等。

DHCP 为客户机/服务器工作模式，DHCP 服务器负责监听客户端的请求，并向客户端发送预定的网络参数。客户端只需设置为"自动获得 IP 地址"，在服务器端配置要提供给客户端的网络参数和 IP 地址范围、IP 地址可以使用的时间长度（租约）等参数。DHCP 协议的工作过程可分为 4 个阶段：IP 租用请求、IP 租用提供、IP 租用选择、IP 租用确认。

DHCP 服务器的主要功能是极大地简化了管理员的配置工作，实现自动配置管理 IP 地址，并通过客户端租约时间的控制，提高 IP 地址的使用效率。例如，在 ISP 网络中，通过宽带连接上网的用户人数远远大于运营商能够提供的公网 IP 数量，当客户机下网时就收回已分配的地址供其他用户使用，这在一定程度上缓解了其 IP 地址分配的压力，对于 ISP 网络运营来说意义重大。由于 DHCP 避免了手动输入配置信息，可减少人工配置时的失误或重要 IP 地址引用的冲突。

2. 与 DHCP 服务相关的术语

使用 DHCP 服务器之前，需要理解以下术语：

（1）作用域（Scope）：通过 DHCP 服务租用或指派给 DHCP 客户机的一个 IP 地址范围，也指服务器用来管理分配给客户机的 IP 地址及相关参数的主要方法。

（2）排除范围（Exclusion Range）：不用于租用或指派的一个或多个 IP 地址，保留这些地址不会被 DHCP 服务器分配给客户机。

（3）地址池（Address Pool）：DHCP 作用域中可用于分配客户机的 IP 地址。

（4）租约期限（Lease）：DHCP 服务器指定的时间长度，在这个时间范围内，客户机可以使用所获得的 IP 地址，在租约期限到期前客户机需要更新 IP 地址的租约。

（5）保留（Reservation）：为特定 DHCP 用户租用而永久保留在一定范围内的特定 IP 地址。

（6）选项类型（Option Types）：DHCP 服务器在配置 DHCP 客户机时，可以进行配置的参数类型。

三、实验任务

（1）在 Windows 操作系统环境中安装和配置 DHCP 服务器。

（2）DHCP Windows 客户端的配置。

（3）在 Packet Tracer 环境中仿真测试 DHCP 服务的工作过程。

四、实验环境

（1）软件环境：安装了 Windows 操作系统，本实验以 Windows Server 2008 系统为例，Cisco Packet Tracer（V7.1.1 版或以上）。

（2）硬件环境：连接因特网的机房。

五、实验课时和类型

（1）课时：2 课时。

（2）类型：技能训练型。

六、实验内容

1. 在 Windows 操作系统环境中安装和配置 DHCP 服务器

步骤 1：安装 DHCP 服务器

（1）以管理员账户登录，选择"开始"→"程序"→"管理工具"→"服务器管理器"命令，打开服务器管理器窗口，单击左侧区域的"角色"选项，在对应的右侧显示区域中，单击"添加角色"按钮，打开添加角色向导，阅读"开始之前"界面上的信息，单击"下一步"按钮。

（2）在"选择服务器角色"界面中，选择"DHCP 服务器"角色，单击"下一步"按钮，如图 8-2-1 所示。

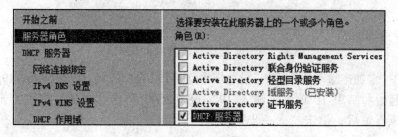

图 8-2-1 "选择服务器角色"界面

（3）在"选择网络连接绑定"界面中，通常可看到本机已设置了的静态 IPv4 地址，即 DHCP 服务器将用于向客户端提供服务的网络连接，单击"下一步"按钮。

（4）在"指定 IPv4DNS 服务器设置"界面中，输入服务器将要提供给客户端用于自动 DNS 配置的默认 DNS 设置，例如，在"父域"文本框中输入一个父域的 DNS

名称，如 sbs.edu.cn；在"首选 DNS 服务器的 IPv4 地址"和"备用 DNS 服务器 IPv4 地址"文本框中，各输入一个首选和备选 DNS 服务器地址。单击"下一步"按钮，进入"指定 IPv4 WINS 服务器设置"界面中，如果不需要，单击"下一步"按钮继续。

（5）进入"添加和编辑 DHCP 作用域"界面，若希望在安装过程中给 DHCP 服务器创建初始的作用域，可单击"添加"按钮，转入步骤 2 的（2）；若希望稍后再创建 DHCP 作用域，可直接单击"下一步"按钮。假如最后几步的配置使用系统默认设置，就单击"下一步"按钮。完成以上配置后，可确认安装，等待系统显示安装成功消息，完成 DHCP 服务器安装。

步骤 2：创建和配置作用域

（1）安装完成 DHCP 服务后，可进入"管理工具"菜单。打开 DHCP 控制台窗口，展开服务器结点，右击 IPv4 子结点，从弹出的快捷菜单中选择"新建作用域"命令。

（2）打开新建作用域窗口，在"作用域名称"界面中，为作用域设置名称和描述信息。

（3）设置可分配的 IP 地址范围。例如，分配 192.168.0.1～192.168.0.254，就在起始 IP 地址处输入 192.168.0.1，在结束 IP 地址处输入 192.168.0.254，"子网掩码"处为 255.255.255.0，在"长度"处输入 24，单击"下一步"按钮，如图 8-2-2 所示。

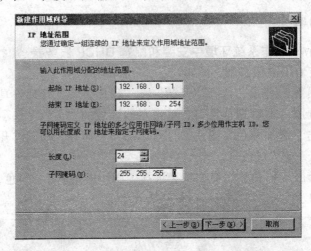

图 8-2-2　设置 IP 地址范围和子网信息

（4）在"添加排除"对话框中，设置排除范围 192.168.0.254、192.168.0.1~192.168.0.10。例如，在起始和结束 IP 地址处输入 192.168.0.254，单击"添加"按钮，如图 8-2-3 所示。完成设置后，单击"下一步"按钮。

步骤 3：设置租约期限和其他选项

（1）在打开的"租约期限"对话框中，为作用域设置租用期限。默认的租约期限为 8 天，也可以设置为一年（即 365 天），通常不接受默认值，太长或太短的租用期限都可能降低 DHCP 的效率。设置完成后，单击"下一步"按钮。

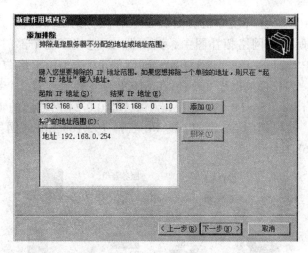

图 8-2-3　设置排除范围

（2）在打开的"配置 DHCP 选项"对话框中，若希望即刻配置选项，可单击"是"按钮，打开"路由器（默认网关）"对话框，输入默认网关 IP 地址，然后单击"添加"按钮，客户端将会按照这里指定的顺序尝试使用每一个网关，可继续用类似操作配置 DNS 选项。如果不希望即刻配置选项，可单击"否"按钮，完成作用域创建，退出向导。

（3）DHCP 选项配置完成后，打开"激活作用域"对话框，选择激活该作用域按钮，最后单击"完成"按钮结束。配置完成后的 DHCP 控制台窗口如图 8-2-4 所示。

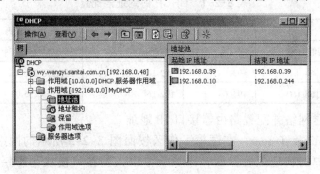

图 8-2-4　DHCP 控制台窗口

2．DHCP Windows 客户端的配置

当 DHCP 服务器配置完成后，客户机就可以使用 DHCP 功能。以 Windows 10 的计算机为例，设置客户机使用 DHCP 的步骤如下：

（1）选择"控制面板"→"网络和 Internet"→"网络连接"，右击"本地连接"，在弹出的下拉菜单中选择"属性"命令。

（2）在本地连接属性窗口中，选中 Internet 协议版本 4（TCP/IPv4），单击"属性"按钮，在打开的"Internet 协议版本 4（TCP/IPv4）属性"对话框中，选中"自动获得 IP 地址"单选按钮，单击"确定"按钮，完成设置。

3．在 Packet Tracer 环境中仿真测试 DHCP 服务的工作过程

在图 8-2-5 所示的网络拓扑图中，路由器 R 连接了两个部门和一组服务器，DHCP 服务器的 IP 地址是 192.168.1.2/24，部门的 PC 为 DHCP 客户机，DNS 服务器的 IP 地址为 193.1.1.1/24。根据表 8-2-1，在 DHCP 服务器上配置 2 个地址池 Seg1pool、Seg2pool，使得部门 1（Seg1）的 PC 获得 192.168.0.0/24 网段内的 IP 地址，网关地址为 192.168.0.1；使得部门 2（Seg2）的 PC 获得 192.168.1.0/24 网段内的 IP 地址，网关地址为 192.168.1.1。

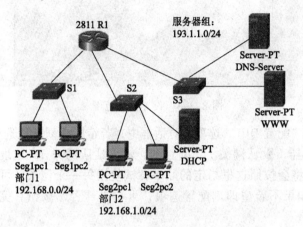

图 8-2-5　网络拓扑图

表 8-2-1　DHCP 的地址池配置

地址池名称	默认网关	DNS 服务器	起始 IP 地址	子网掩码	最大主机数
serverpool	默认值	默认值	193.1.1.0	255.255.255.0	默认值
Seg1pool	192.168.0.1	193.1.1.1	192.168.0.2	255.255.255.0	253
Seg2pool	192.168.1.1	193.1.1.1	192.168.1.3	255.255.255.0	252

步骤 1：搭建网络并配置路由器接口 IP 地址

（1）启动 Packet Tracer，在逻辑工作区按照图 8-2-5 所示的网络图放置设备，进入路由器 R 中的物理配置界面，添加一个以太网接口模块（NM-1FE2W），连接设备。

（2）将路由器 R 改名为 R1，配置路由器 R1 的接口 IP 地址，并启动接口。在表 8-2-2 中记录路由器接口配置命令（以接口 FastEthernet0/0 为例）。

表 8-2-2　路由器 R1 的接口 IP 地址和配置命令

接口名称	IP 地址	配置命令 （FastEthernet 0/0）	作用
FastEthernet 0/0（部门 1）	192.168.0.1		
FastEthernet 0/1（部门 2）	192.168.1.1		全局模式下，转入接口 f0/0；配置 IP 地址；启动接口
FastEthernet 1/0（服务器组）	193.1.1.254		

步骤 2：配置 DHCP 服务器和 DHCP 客户端

（1）单击 DHCP 服务器，打开配置窗口，选择 Desktop 选项卡，单击打开 IP Configuration 界面，配置 IP 地址（192.168.1.2/24）、网关和 DNS 服务器地址。

（2）选择 Services 选项卡，单击 DHCP，进入如图 8-2-6 所示的配置页面，根据表 8-2-1 中的信息，输入 serverpool 地址池对应的信息，单击 Save 按钮保存到列表中。输入 seg1pool 地址池对应的信息，单击 Add 按钮添加到列表中，重复操作，添加 seg2pool 地址池到列表中。

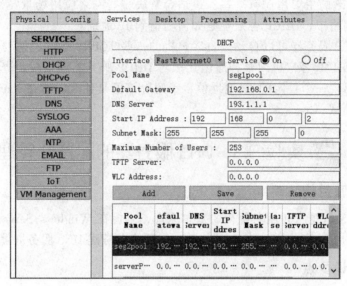

图 8-2-6　DHCP 服务器配置界面

（3）在部门 1（Seg1）和部门 2（Seg2）网段的计算机上，打开配置窗口，选择 Desktop，打开 IP Configuration 界面，单击 DHCP 处的单选按钮，选择通过 DHCP 自动配置 IP 地址。

步骤 3：在路由器上配置 DHCP 中继

为了使部门 1 的计算机能从 DHCP 服务器处获得本部门网段的 IP 地址，需要在本网段对应的网关接口上，指定 DHCP 服务器的 IP 地址。即进入接口模式后，输入命令 ip helper-address DHCP 服务器 IP 地址，如 R1（Config-if）#ip helper-address 192.168.1.2。

步骤 4：测试结果

（1）完成以上设置后，Seg1 部门的计算机将获得 192.168.0.2~192.168.0.254 之间的任意 IP 地址；Seg2 部门的计算机将获得 192.168.1.3~192.168.1.254 之间的任意 IP 地址。

（2）根据表 8-2-3 的要求，用 ping 命令测试并记录结果。测试完成后，保存文件 dhcp.pkt，将用于实验 8.3 的实验内容 3。

表 8-2-3　ping 命令测试结果

要　　求	主机 IP 地址	ping 命令	结果（通/不通）
在 Seg1pc1 主机上 ping DHCP 服务器			
在 Seg2pc1 主机上 ping DHCP 服务器			

七、实验思考题

（1）DHCP 的主要用途有哪些？最适合解决哪些网络应用场景？

（2）在网络中，DHCP 客户端是如何租借到 IP 地址？

（3）DHCP 服务器可以自动设置客户机的一些 TCP/IP 参数，请列出相关参数。

（4）当 DHCP 客户机因某种原因无法与 DHCP 服务器连接时，查阅其 IP 地址配置情况，会出现一个特定的 IP 地址值，请解释该值是什么。请在 Packet Tracer 环境中进行仿真测试。

实验 8.3　DNS 服务器的配置和管理

一、实验目的

了解 DNS 的概念和域名解析的基本原理，掌握在 Windows Server 中安装和配置 DNS 服务器的方法和步骤，在 Packet Tracer 环境下搭建 DNS 服务并测试。

二、知识要点

1. DNS 的定义、域名解析的过程和作用

DNS（Domain Name System，域名解析系统）提供主机名（域名）和 IP 地址之间的转换，可将域名转换成 IP 地址，也可将 IP 地址转换成域名。

DNS 是客户机／服务器工作模式，需要完成域名解析的主机都要调用 DNS 服务。域名到 IP 地址的解析过程如下：

（1）当某个应用进程需要把域名解析为 IP 地址时，就调用解析程序，成为 DNS 客户机，把待转换的域名放在 DNS 请求报文，发送给本地域名服务器。

（2）当本地域名服务器收到请求后，就先查询本地主机的缓存，找到就把对应的 IP 地址放在回答报文中返回给 DNS 客户机。若没有找到，则本地域名服务器暂时成为另一个客户，把请求报文发给根域名服务器，根域名服务器返回给本地域名服务器下一次应查询的顶级域名服务器的 IP 地址。

（3）本地域名服务器再向上一步返回的域名服务器发送请求，接受请求的服务器查询自己的缓存。若没有找到对应的记录，则返回相关的下一级的域名服务器地址。

（4）重复第（3）步，直至找到所查询的主机的 IP 地址，本地域名服务器把返回的结果保存到缓存，以备下一次使用。

（5）本地域名服务器最后把查询结果返回客户机，查询结果分为 2 种：正确的 IP 地址或找不到主机的 IP 地址。

2．常用的与 DNS 服务相关的术语

（1）域名解析：将域名映射为 IP 地址或将 IP 地址映射为域名的过程，将域名映射为 IP 地址为正向解析，将 IP 地址映射为域名为反向解析。

（2）域名服务器：用来存储域名的分布式数据库，并为客户机提供域名解析服务。域名服务器按照层次安排，每一个域名服务器都只对域名体系中的一部分进行管辖。根据用途可分为四类：根域名服务器、顶级域名服务器、权威域名服务器和本地域名服务器。

（3）递归查询：客户机发出查询请求后，DNS 服务器必须告诉客户机查询的结果，即找到所要查询的 IP 地址或者表示无法查询到而报错。本地 DNS 服务器常用递归查询。

（4）迭代查询：客户机发出查询请求后，若该 DNS 服务器中找不到所需数据，它会告知另外一台 DNS 服务器的 IP 地址，使客户机转向另外一台 DNS 服务器查询。依此类推，直至找到正确结果或由本地 DNS 服务器通知客户机查询失败。

（5）资源记录：DNS 服务器的数据库中的记录项，常见的类型有：A（地址）、CNAME（别名）、MX（邮件交换）、NS（名称服务器）、PTR（指针）和 SOA（起始授权机构）。例如，（baidu.com，180.101.49.12，A，64），域名为 baidu.com，对应的 IP 地址为 180.101.49.12，类型为 A（域名到 IP 地址的映射），记录生存时间为 64。

三、实验任务

（1）在 Windows 操作系统环境中安装和配置 DNS 服务器。

（2）DNS 客户端的配置。

（3）在 Packet Tracer 环境中仿真测试 DNS 服务的工作过程。

四、实验环境

安装了 Windows 操作系统的联网机房，本实验以 Windows Server 2008 系统为例，Cisco Packet Tracer（V7.1.1 版或以上）。

五、实验课时和类型

（1）课时：2 课时。

（2）类型：技能训练型。

六、实验内容

1．在 Windows 操作系统环境中安装和配置 DNS 服务器

假设某校接入因特网后，申请到 1 个 C 类 IP 地址段（193.1.1.0/24），并注册了域名 sbs.edu.cn。拟将 IP 地址 193.1.1.1 的服务器作为主域名服务器，要完成以下安装和配置过程。

步骤 1：DNS 服务器的安装

（1）在服务器管理器的左侧栏中选择"角色"结点，单击"添加角色"，打开"添加角色向导"对话框，阅读显示的指导信息，单击"下一步"按钮。

（2）在"选择服务器角色"界面中，选中"DNS 服务器"，单击"下一步"按钮两次。

（3）单击"安装"按钮，向导会自动安装 DNS 服务器。安装完成后，DNS 服务会在服务器重启后自动运行，进入"管理工具"菜单，即可打开 DNS 控制台窗口。

步骤 2：配置和管理 DNS 服务器

在 DNS 客户机向 DNS 服务器提出的 DNS 请求中，大部分要求把主机名解析为 IP 地址（正向解析），而正向解析是由正向查找区域来处理的。创建正向查找区域的步骤如下：

（1）在 DNS 控制台中，展开目标服务器的结点。右击"正向查找区域"菜单项，在弹出的快捷菜单中选择"新建区域"命令，打开"新建区域向导"对话框，单击"下一步"按钮。

（2）进入"区域类型"对话框，选择"主要区域"对应的单选按钮，该选项可以创建主要区域，并委派本服务器为这个区域的权威服务器，单击"下一步"按钮。

（3）在"区域名称"对话框中，输入该区域的完整 DNS 名称，例如 sbs.edu.cn。单击"下一步"按钮，进入"区域文件"对话框，可以直接接受文件的默认名称 sbs.edu.cn.dns，单击"下一步"按钮。

（4）在"动态更新"配置对话框中，由于本 DNS 服务器配置时并不集成 Active Directory，此处应选中"不允许动态更新"单选按钮，单击"下一步"按钮。在图 8-3-1 所示的对话框中单击"完成"按钮，退出正向查找区域的创建。用类似的方法可以创建反向查询区域，把原区域名称操作换成反向区域名称的操作，即在编辑框中输入网络 IP 地址范围，以便客户机根据已知的 IP 地址来查询主机域名。

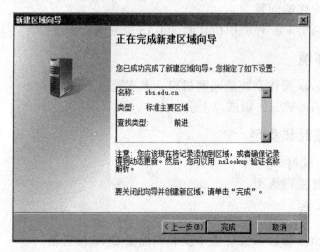

图 8-3-1 完成新建区域向导对话框

步骤 3：添加 DNS 资源记录

（1）配置起始授权机构（SOA）记录。该记录代表了特定区域内的权威服务器，每个域中必须有一条 SOA 记录，在添加区域时被自动创建。在 DNS 控制台中，展开名称服务器结点，展开对应的正向查找区域，右击想要配置的域结点，例如 sbs.edu.cn，在弹出的快捷菜单中选择"属性"命令，在属性对话框中切换到"起始授权机构（SOA）"选项卡，进行设置即可，如图 8-3-2 所示。

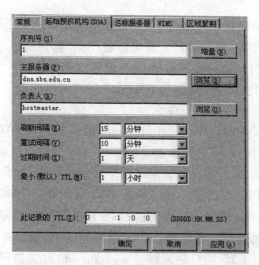

图 8-3-2 "起始授权机构（SOA）"选项卡

（2）新建主机资源记录（类型为 A）。在 DNS 控制台中，展开对应的正向查找区域，右击要添加记录的域结点（如 sbs.edu.cn），在弹出的快捷菜单中选择"新建主机（A 或 AAAA）"命令，输入主机名和 IP 地址（例如 web，对应输入 IP 地址为 193.1.1.2），单击"添加主机"按钮，完成主机记录的创建。

（3）新建主机别名（类型为 CNAME）资源记录，可为一台主机在 DNS 中设置多个名称。在 DNS 控制台中，展开对应的正向查找区域，右击要添加记录的域，选择"新建别名（CNAME）"命令，输入别名和别名对应的主机名（如 spoc），然后单击"浏览"按钮，选择对应区域中与别名对应的主机名，例如 www.sbs.edu.cn，单击"确定"按钮。

（4）新建邮件交换器（类型为 MX）资源记录，用于让邮件能传递到正确的邮件服务器。在 DNS 控制台中，展开对应的正向查找区域，右击要添加记录的域，选择"新建邮件交换器（MX）"命令。通过"浏览"按钮选择某个邮件服务器主机记录，输入"邮件服务器的完全合格的域名（FQDN）"文本框中。默认情况下的邮件服务器优先级为 10。若域中有多个邮件服务器，则优先级值小的邮件服务器比优先级值大的邮件服务器发出的邮件，会被优先处理。

步骤 4：DNS 服务器配置测试

（1）打开 DNS 服务器中的"命令提示符"窗口，输入命令 nslookup，观察显示结果，将相关信息填入表 8-3-1 中的第二行。

（2）在"命令提示符"窗口，输入命令 nslookup sbs.edu.cn，观察显示结果，将相关信息填入表 8-3-1 中。

表 8-3-1 DNS 服务器中的记录表

主域名服务器名		IP 地址	
域　　名	正向解析结果（IP 地址）		记 录 类 型
www.sbs.edu.cn			
spoc.sbs.edu.cn			

2．DNS 客户端的配置

成功安装和配置 DNS 服务器后，就可以在 DNS 客户机启动 DNS 服务。以装有 Windows 10 的计算机为例，设置并启用 DNS 服务的步骤如下：

（1）选择"控制面板"→"网络和 Internet"→"网络连接"，右击"本地连接"，在弹出的快捷菜单中选择"属性"命令。

（2）在本地连接属性窗口中，选中 Internet 协议版本 4（TCP/IPv4），单击"属性"按钮，在打开的"Internet 协议版本 4（TCP/IPv4）属性"对话框中，如果在 DHCP 服务器中设置了 DNS 信息，则在对话框中选中"自动获得 DNS 服务器地址"单选按钮。否则，在"首选 DNS 服务器"和"备选 DNS 服务器"中填写对应的 IP 地址。

3．在 Packet Tracer 环境中仿真测试 DNS 服务的工作过程

在图 8-2-5 所示的网络拓扑图中，DNS 服务器的 IP 地址是 193.1.1.1，WWW 服务器的 IP 地址是 193.1.1.2。用户输入域名 www.sbs.edu.cn，访问该大学的 Web 站点；输入域名 spoc.sbs.edu.cn，访问该大学的课程教学 Web 站点。

步骤 1：配置 DNS 服务器

（1）启动 Packet Tracer，选择"文件"→"打开"命令，打开实验 8.2 中保存的文件 dhcp.pkt，在逻辑工作区展示如图 8-2-5 所示的网络图。

（2）单击 DNS 服务器，打开配置窗口，选择 Desktop 选项卡，打开 IP 配置界面，配置 IP 地址 193.1.1.1，子网掩码 255.255.255.0，默认网关 193.1.1.254，关闭配置界面。

（3）选择 Services 选项卡，单击 DNS 选项，打开 DNS 服务器配置界面，创建一条 SOA 记录、一条 A 类记录和一条 CNAME 类记录，配置完成后的界面如图 8-3-3 所示。

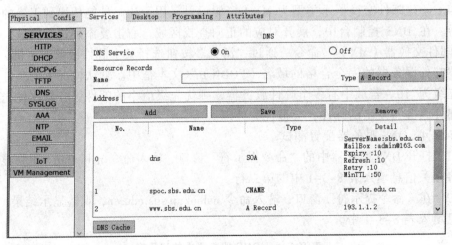

图 8-3-3　DNS 服务器的配置界面

步骤 2：测试并记录访问结果

（1）单击 WWW 服务器，打开配置窗口，配置 IP 地址 193.1.1.2、子网掩码 255.255.255.0、默认网关 193.1.1.254。

（2）在部门的 PC 中，打开桌面上的 Web 浏览器（Web Browser），在地址栏（URL）中输入域名，单击 Go 按钮，观察显示界面，将访问结果记录在表 8-3-2 中。

表 8-3-2　网站访问结果

测　　试	域　　名	访问结果（成功/不成功）
在 Seg1pc1 主机上打开浏览器	www.sbs.edu.cn	
在 Seg2pc1 主机上打开浏览器	spoc.sbs.edu.cn	

（3）在部门的 PC 中，打开桌面上的命令提示窗口（Command Prompt），输入命令 nslookup 域名，观察显示界面，将结果记录在表 8-3-3 中。

表 8-3-3　命令运行结果

命　　令	域　　名	IP 地址	别　　名	正向解析（成功/失败）
nslookup www.sbs.edu.cn				
nslookup spoc.sbs.edu.cn				

七、实验思考题

（1）可以使用什么命令来诊断 DNS 服务运行是否正常？

（2）简述创建"反向搜索区域"的步骤。创建反向搜索区域是必要的吗？

（3）假设在 sbs.edu.cn 域中开设两个子域 jw.sbs.edu.cn 和 lib.sbs.edu.cn，其中教务处希望由学校的 DNS 服务器来完成 jw.sbs.edu.cn 子域的域名解析，简述创建子域的操作步骤。

（4）简述 DNS 服务器中的主要资源记录类型，并解释其作用。

实验 8.4　Web 服务器的配置和管理

一、实验目的

了解 Web 服务的工作原理，掌握 Web 服务器的安装与管理方法，了解建立和访问 Web 站点的方法，熟悉 Web 站点的基本配置方法。

二、知识要点

1. Web 的定义、Web 服务的工作原理

Web（World Wide Web，WWW）服务采用浏览器/服务器结构，以超文本标记语言（HTML）和超文本传输协议（HTTP）为基础，为用户提供界面一致的信息浏览系统。

Web 服务器负责对各种信息进行组织，并以网页文件形式存储在某一指定目录中。Web 服务器利用超链接方式来链接各信息片段，这些信息片段既可集中地存储在同一主机上，也可分布地放在不同地理位置的不同主机上。Web 浏览器负责显示信息和向服务器发送请求。当浏览器提出访问请求时，服务器负责响应客户的请求

并按用户的要求发送文件；Web 浏览器收到文件后，解释该文件，并在屏幕上显示出来。

2．IIS 信息服务概述

Internet 信息服务（Internet Information Server，IIS）是微软开发的，可与 Windows 服务器操作系统高度集成的 Web 服务器。中小企业通过部署 IIS，可以方便地提供最常见的 Internet 服务，如 Web 服务、FTP 服务、邮件服务等。

IIS 凭借其简单的配置方法、友好的界面、稳定的性能以及和 Windows 操作系统安全高度集成，逐步发展成为一种应用广泛的 Web 服务器软件。在 Windows Server 2008 操作系统中，微软提供了 IIS 的 7.0 版本，相对于以前的版本，IIS 7.0 加入了更多的安全性。

三、实验任务

（1）在 Windows Server 2008 操作系统环境中安装和访问默认 Web 站点。

（2）使用 IIS 7.0 添加和配置 Web 站点、访问 Web 站点。

四、实验环境

安装 Windows 操作系统的联网机房，本实验以 Windows Server 2008 系统、IIS 7.0 为例进行讲解。

五、实验课时和类型

（1）课时：2 课时。

（2）类型：技能训练型。

六、实验内容

1．在 Windows Server 2008 操作系统环境中安装和访问默认 Web 站点

步骤 1：安装 IIS 7.0

（1）默认情况下，Windows Server 2008 内置的 IIS 7.0 并未安装，在"管理工具"中选择"服务器管理器"命令。在服务器管理器控制台中，单击"角色"选项，在控制台右侧区域中单击"添加角色"按钮，打开"添加角色向导"对话框。然后，选中"Web 服务器（IIS）"复选框，单击"下一步"按钮。

（2）在打开的"Web 服务器（IIS）"对话框中，继续单击"下一步"按钮，打开"选择角色服务"对话框，在此选择除"FTP 发布服务"外的所有角色服务项，如图 8-4-1 所示。单击"下一步"按钮，出现确认安装信息后，单击"安装"按钮，等待安装完成。

（3）完成服务器安装，出现"安装结果"对话框，最后单击"关闭"按钮，完成 Web 服务器 IIS 的安装，在"管理工具"的菜单项中增加"Internet 信息服务（IIS）管理器"选项。

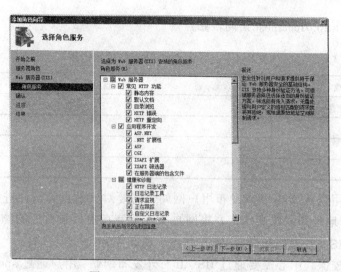

图 8-4-1　选择角色服务组件界面

步骤 2：访问默认 Web 站点

（1）选择"开始"→"管理工具"→"Internet 信息服务（IIS）管理器"，打开 IIS 管理器控制台窗口，选择左边栏目中的服务器结点，如图 8-4-2 所示。

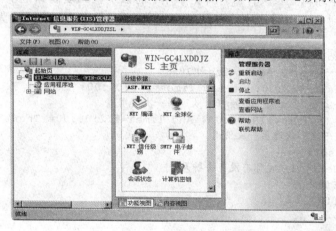

图 8-4-2　IIS 7.0 管理器控制台界面

（2）在图 8-4-2 所示窗口中，展开"网站"结点，显示安装时自动创建的一个默认站点，在 Default Web Site 结点上右击，选择"管理网站"→"浏览"命令，即可在 IE 浏览器中打开 IIS 7.0 默认站点的主页。出现图 8-4-3 所示页面，说明 Web 服务器 IIS 工作正常。

步骤 3：查询站点基本信息和配置

（1）在 IIS 7.0 管理器控制主界面的右侧的操作面板上，选择"基本设置"选项，可查看默认站点的基本信息，如站点的主目录等，并记录在表 8-4-1 中。选择"绑定"选项，可查看默认站点的 IP 地址绑定等信息，记录在表 8-4-1 中。由于默认站点未绑定 IP 地址，在浏览器端可用 http://localhost 访问该站点。

表 8-4-1 默认 Web 站点的配置信息

选 项	信 息
默认站点的访问地址	
IP 地址	
TCP 端口号	
站点的主目录	

（2）若利用默认 Web 站点发布用户网站，需要对该站点的属性进行配置。例如，配置本机的 IP 地址和默认文档，并将网页文件复制在主目录对应的物理路径下。

2. 使用 IIS 7.0 添加和配置 Web 站点、访问 Web 站点

假设某学校课程中心需要通过 IIS 7.0 对外发布网站，用户通过 spoc.sbs.edu.cn 访问该网站主页，域名已在 DNS 服务器中注册。该 Web 服务器的 IP 地址为 193.1.1.2（或根据实验网络环境指定其他 IP 地址），主页文件为 index.asp（包含 ASP 脚本语言的动态网页文件），保存在 C:\web 目录中（即网站物理路径）。

现用记事本编辑主页文件。打开记事本，将以下代码复制到记事本中，以文件名 index.asp 保存到 C:\web 目录中。在保存前，需要将"保存类型"设置为"所有文件"。

```
<html>
<body bgcolor="yellow">
    <font color="Green" size="7">
    <%If  Time<#12:00:00# And Time>=#00:00:00# Then%>
        早上好,今天天气不赖啊!,欢迎第一次使用
    <%Else If Time<#19:00:00# And Time>=#12:00:00# Then%>
        下午好! 欢迎第一次使用,
    <%Else%>
        Hellow!今晚你有没有去聊天!
<%End If%>
<%End If%>
</font>
</body>
</html>
```

步骤 1：添加站点、添加虚拟目录

（1）在"Internet 信息服务（IIS）管理器"控制台中（见图 8-4-2），右击"网站"结点，在弹出的快捷菜单中选择"添加网站"命令。

（2）在如图 8-4-4 所示的对话框中，填写站点基本信息，包括网站名称、网站物理路径和网站的绑定信息，单击"确定"按钮，完成网站的创建。

（3）对于一个较大的网站，会将网页或其他资源进行分类，存放在不同的物理目录下，例如，将课程视频文件存放在 D:/video 文件夹中。为了使客户在浏览器中输入该资源的别名就可访问课程视频（例如，http://spoc.sbs.edu.cn/video），需要为这些存放主目录以外的文件夹创建虚拟目录，发布到 Web 站点中。在"Internet 信息服务（IIS）管理器"控制台中，右击 Web 结点，在弹出的快捷菜单中选择"添加虚拟目录"命

令。打开虚拟目录创建向导，指定该虚拟目录的别名为 video，并选择虚拟目录所对应的实际文件夹 D:\video，单击"确定"按钮，完成虚拟目录的创建。

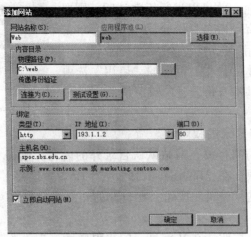

图 8-4-4　添加网站基本信息

步骤 2：配置站点主页和支持 ASP 网页环境

（1）在图 8-4-5 中，双击"默认文档"图标，打开默认文档管理界面，在右侧的栏目中选择"添加"，在打开的对话框中输入 index.asp，该文档出现在默认文档列表中，再用"上移"或"下移"按钮，将该文档调整到第一行。

图 8-4-5　新添加的 Web 站点界面

（2）开启父路径，设置 ASP 的基本运行环境。在图 8-4-5 中，双击 ASP 图标，打开 ASP 设置界面，在"行为"组中将"启用父路径"设置为 True。

步骤 3：配置站点的身份验证

（1）IIS 7.0 在默认状态下，网站允许任何用户的匿名连接（匿名用户使用 IIS 安装时自动创建的一个名为 IIS_IUSR 账户），即访问网站任何公共内容时不需要用户名和密码。IIS 7.0 支持匿名、基本、摘要式和 Windows 等多种身份验证方法。如果只限定某些内容不允许匿名用户查看，可设置匿名身份验证。在图 8-4-5 中，双击"身份验证"图标，打开身份验证窗格。

（2）选择"匿名身份验证"选项并单击右边操作栏中的"编辑"选项，打开"编辑匿名身份验证凭据"对话框，单击"设置"按钮，打开如图 8-4-6 所示的"设置凭据"对话框，替换系统默认的 IUSR 账户为某一用户账户，例如 web-user，同时配置站点某些内容存放的文件夹的 NTFS 文件访问权限（参考实验 5.3），例如允许该用户除完全控制外的权限。

（3）若需要用户使用有效的用户账户凭证，通过 Web 服务器的身份验证，才可以进行正常访问，则要先禁止匿名访问。选择"匿名身份验证"选项并单击右边操作栏中的"禁用"选项，再继续选择希望使用的身份验证方式，单击"操作"栏中的"启用"选项即可。例如，选择"基本身份验证"或"摘要式身份验证"等。

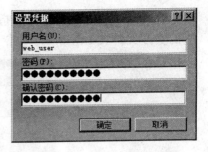

图 8-4-6　设置凭据对话框

步骤 4：配置站点目录的权限

（1）若用户不能访问存放在网站默认目录外的内容，则需要添加 IIS_USER 账户对这些目录的访问权限。在"Internet 信息服务（IIS）管理器"控制台中，选择站点，单击右侧操作面板中的"编辑"按钮，在打开的站点目录属性对话框中，切换到"安全"选项卡。

（2）单击"编辑"按钮，在站点目录的权限对话框中，添加用户组 IIS_IUSRS，并在下面窗格中，赋予该用户组"完全控制"权限。

步骤 5：访问 Web 站点

打开浏览器，分别输入 http://193.1.1.2、http://spoc.sbs.edu.cn 和 http://spoc.sbs.edu.cn/video，观察显示信息，记录在表 8-4-2 中。

表 8-4-2　Web 站点访问结果

网　　　址	页面显示内容概述
http://193.1.1.2	
http://spoc.sbs.edu.cn	
http:// spoc.sbs.edu.cn/video	

七、实验思考题

（1）在 IIS 7.0 中，列出可作为网站默认文档（网站主页）的文件类型。

（2）简述使用 IIS 7.0 进行多站点配置和管理的基本操作方法。

（3）在 IIS 中使用用户验证的方式来提高 Web 网站的安全性，每次访问站点都需要输入用户名和密码，对于授权用户而言就比较麻烦。简述 IIS 7.0 提供的一些限制非法用户访问的方法。

（4）在 IIS 中，应用程序和虚拟目录是两个不同的概念，请解释两者之间的异同。

实验 8.5　FTP 服务器的配置和管理

一、实验目的

了解 FTP 服务的连接和数据传输模式，掌握 FTP 服务器的安装与管理方法，熟悉在 IIS 中搭建 FTP 服务器的方法。

二、知识要点

1．FTP 协议和连接特点

FTP（File Transfer Protocol，文件传输协议）主要用于远程计算机之间传输文件，在客户机/服务器模式下工作，使用 TCP 的 2 种连接来完成文件传输，如图 8-5-1 所示。控制连接用于在通信双方之间传输控制信息，如用户名、口令、改变远程目录、存放（put）和获取（get）文件的命令；数据连接用于双方之间实际传输文件或目录信息。控制连接和数据连接均可由 FTP 客户端发起，控制连接在整个用户会话期间保持连接，但每一次文件传输都需要建立一个新的数据连接，即控制连接贯穿了整个用户会话期间，而数据连接是非连续的。在服务器端，控制连接的默认端口号为 21，数据连接的默认端口号为 20（PORT 模式下）或随机端口号（PASV 模式下）。

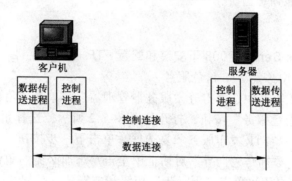

图 8-5-1　FTP 的两种连接

FTP 的连接模式分为 PORT 和 PASV 两种，PORT 模式为主动模式，PASV 是被动模式。FTP 的传输模式也有两种，分为 ASCII 传输模式和二进制传输模式。

2．常用的 FTP 协议的命令

FTP 协议的命令一般由 4 个大写字母的 ASCII 字符组成，有些带可选的参数，用于客户端向服务器发出命令或从服务器返回客户端的应答，可归为 6 个类别：接入命令、文件管理命令、数据格式化命令、端口定义命令、文件传输命令和其他命令。表 8-5-1 列出几个常用的命令。

表 8-5-1　常用的 FTP 命令

FTP 命令	参　数	说　　明
USER	用户标识	接入命令，用于向服务器传送用户标识
PASS	用户密码	接入命令，用于向服务器传送用户口令
LIST	目录名	文件管理命令，用于请求服务器回送当前远程目录中的所有文件列表
RETR	文件名	文件传输命令，用于从远程主机当前目录检索文件，并引起远程主机发起一个数据连接，用该数据连接发送所请求的文件
STOR	文件名	文件传输命令，用于在远程主机的当前目录上存放文件

三、实验任务

（1）在 Windows Server 2008 下安装和配置 FTP 服务器。

（2）利用 IIS 创建公用的 FTP 站点和用户独用的 FTP 站点。

四、实验环境

安装 Windows 操作系统的联网机房，本实验以 Windows Server 2008 系统、IIS 7.0 为例进行讲解。

五、实验课时和类型

（1）课时：2 课时。

（2）类型：技能训练型。

六、实验内容

1. 在 Windows Server 2008 下安装和配置 FTP 服务器

步骤 1：在 IIS 中添加 FTP 角色服务

（1）在"管理工具"中选择打开"服务器管理器"，单击"角色"结点，在右侧界面中单击"添加角色服务"按钮，打开如图 8-5-2 所示"选择角色服务"对话框。在中间窗格中，选中"FTP 发布服务"复选框，单击下一步按钮。

（2）在打开的"添加角色向导"对话框中单击"添加必需的角色服务"按钮，安装相应的 IIS 组件。再依次单击"下一步"按钮和"安装"按钮，完成安装。

步骤 2：访问 FTP 的默认站点

（1）单击"开始"→"管理工具"→"Internet 信息服务（IIS）管理器"，打开 FTP 服务控制台界面（参考图 8-4-2），若安装时自动创建的默认站点 Default FTP Site 旁有"停止"标识，则需要启动。右击 Default FTP Site 结点，在弹出的快捷菜单中选择"启动"命令。

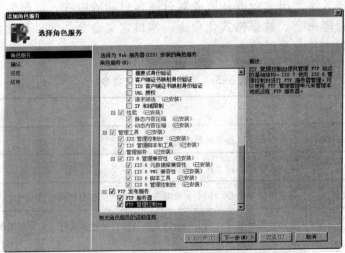

图 8-5-2 "选择角色服务"对话框

（2）右击 Default FTP Site 结点，在弹出的快捷菜单中选择"浏览器浏览"命令，在浏览器窗口中显示访问结果。

步骤 3：查询站点基本信息和配置

（1）右击 Default FTP Site 结点，在弹出的快捷菜单中选择"属性"命令，打开如图 8-5-3 所示的对话框，查看默认 FTP 站点的基本信息，将相关信息记录在表 8-5-2 中。默认站点未绑定 IP 地址，在浏览器端只可用 ftp://localhost 访问站点。

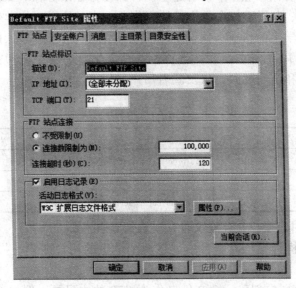

图 8-5-3　默认 FTP 站点属性窗口

（2）在图 8-5-3 中，选择"安全账户"选项卡，FTP 站点有两种验证方式：匿名（账户名为 IUSR_计算机名）验证和用户账户验证。在默认情况下，两种连接都可以选用。

表 8-5-2　默认 FTP 站点的配置信息

选　项	信　息
默认站点的访问地址	
IP 地址	
TCP 端口号	
站点设置的验证方式	
消息（成功登录、失败和退出）	
站点的主目录	
主目录的访问权限	
目录安全性设置	

（3）在"消息"选项卡中，配置的消息是用户登录或退出 FTP 服务时显示的信息，主要包括：FTP 标题、用户登录时看到的欢迎词、退出时看到的欢送词，以及无法登录时的错误信息。

（4）在主目录选项卡中，可配置默认 FTP 站点的主目录物理路径、访问权限和列表方式。

（5）在目录安全性选项卡中，通过对 IP 地址进行限制可以允许（或禁止）某些特定的计算机访问该站点。默认情况下被设置为所有计算机都将被"允许访问"。

2. 利用 IIS 创建公用的 FTP 站点和用户独用的 FTP 站点

某学校为了配合网络教学，准备建立一台课程作业服务器，提供公共的课程作业和作业辅导的下载，也用于每个学生的课程作业上交，且每一位学生能访问自己的作业，不能访问其他学生的作业。假设 FTP 服务器的 IP 地址是 193.1.1.3（或根据实验网络环境指定其他 IP 地址），表 8-5-3 列举两个学生的用户名和密码，用作每个学生主目录的文件夹和访问权限，以及匿名用户共用的文件夹。

表 8-5-3　默认 FTP 站点的配置信息

学生姓名	用 户 名	密 码	目 录	NTFS 访问权限
张三	student01	stu-01	C:\ftproot\LocalUser\student01	完全控制
李四	student02	stu-02	C:\ftproot\LocalUser\student02	完全控制
匿名用户			C:\ftproot\LocalUser\public	\

步骤 1：创建用户账户、建立文件夹、设置访问权限

（1）在"计算机管理"控制台中创建两个学生的用户账户，操作步骤参考实验5.1。

（2）在 NTFS 分区中创建一个文件夹作为 FTP 的主目录，例如 C:\ftproot；创建匿名用户的共用目录，例如 C:\ftproot\LocalUser\public，在此目录下，用快捷方式创建若干个文件（如 public1.txt，public2.txt）；创建作为学生主目录的两个文件夹，文件夹名称与用户账户名称一致，例如 C:\ftproot\LocalUser\student01，在此目录下，用快捷方式创建若干个文件（如 student011.txt，student012.txt）；并设置文件夹对应的访问权限，操作步骤参考实验 5.3。

步骤 2：创建 FTP 站点

（1）打开"Internet 信息服务（IIS）管理器"控制台，在"FTP 站点"结点上右击，选择"新建"→"FTP 站点"命令。

（2）打开"FTP 站点创建向导"页面，单击"下一步"按钮，在"FTP 站点描述"界面中输入"课程作业 FTP 服务器"，单击"下一步"按钮。

（3）在"IP 地址和端口设置"界面中，输入 FTP 服务器使用的 IP 地址和端口号，例如 IP 地址为 193.1.1.3，端口号为 21，单击"下一步"按钮。

（4）在"FTP 用户隔离"界面中，选中"隔离用户"单选按钮，FTP 用户隔离可以为用户提供上传文件的个人 FTP 目录，可以防止用户查看或覆盖其他用户的内容，单击"下一步"按钮。

（5）在"FTP 站点主目录"界面中，指定 FTP 站点主目录路径为 C:\ftproot，单击"下一步"按钮。

（6）在"FTP 站点访问权限"界面中，给主目录设置访问权限。若允许每个用户

都能够在各自的目录下上传文件，需要同时选中"读取"和"写入"复选框。单击"下一步"按钮，出现成功完成"FTP 站点创建向导"界面，单击"完成"按钮，完成 FTP 站点的建立。

步骤 3：设置站点属性

（1）在"Internet 信息服务（IIS）管理器"控制台中将显示新建的"课程作业 FTP 服务器"站点，右击弹出快捷菜单，选择"属性"命令，打开如图 8-5-3 所示的属性对话框，根据需要可进一步设置。

（2）在"消息"选项卡中，设置用户登录的欢迎消息。例如，"欢迎访问上海商学院课程作业站点"；设置用户退出信息提示，例如，"谢谢光临！欢迎下次再来！"；"在最大连接数"框中，输入"服务器忙，欢迎过一会登录"，若 FTP 服务器忙用户无法连接时，会收到这条提示信息。

步骤 4：客户端访问 FTP 站点

选择局域网中的另外一台计算机作为客户端，打开浏览器，在地址栏输入 ftp://193.1.1.3，查看访问结果，记录在表 8-5-4 中。分别输入 ftp://student01:stu-01@193.1.1.3、ftp://student02:stu-02@193.1.1.3，查看访问结果，记录在表 8-5-4 中。

表 8-5-4　FTP 站点访问结果

操　　作	登录用户	可访问的文件夹名称	下载一个文件	上传一个文件
ftp://193.1.1.3				
ftp://student01:stu-01@193.1.1.3				
ftp://student02:stu-02@193.1.1.3				

七、实验思考题

（1）查阅参考资料，简述 FTP 的两种连接模式（PORT 模式和 PASV 模式）的工作过程，以及两种连接模式的异同点。

（2）互联网用户使用的 FTP 客户端程序的类型有哪些？简述各类的用法。

（3）在 FTP 站点的属性选项卡中，在"FTP 站点连接"框中，可以设置连接是否受限制、限制的连接数量及连接超时，简述 3 个选项的作用。

（4）对于一些比较特殊的 FTP 站点，必须进行用户身份验证，并限制允许访问该 FTP 服务的 IP 地址，从而确保 FTP 站点的安全。简述对 FTP 站点的访问实现用户身份验证、限制特殊 IP 访问的设置步骤。

第 9 章

网络安全技术 〈〈〈

实验 9.1　微软基准安全分析器（MBSA）的使用

一、实验目的

了解微软基准安全分析器软件（Microsoft Baseline Security Analyzer，MBSA）的功能和作用，掌握微软基准安全分析器的基本使用方法。

二、知识要点

1. 基准安全分析器（MBSA）概述

微软基准安全分析器是一款简单易用的工具，适用于检查所有运行 Windows 操作系统的计算机，以发现常见的安全更新和安全配置等问题，同时还能检查某一网段内计算机的安全状况，并给出弥补这些安全问题的特定建议，以便管理员及时修改安全策略，以保证系统始终处于最佳安全状态。

MBSA 执行的安全更新，是扫描和报告 Windows Update 定义的"关键更新"问题，但 MBSA 不会自动安装更新，需要用户另行操作完成。执行的安全扫描，包括检查 Windows 操作系统存在的系统漏洞、管理员组成员列表、共享文件情况、文件系统类型和来宾账户状态，检查 IIS 的更新情况、计算机上存在的示范应用程序、IIS 虚拟目录和 IIS 锁定工具是否已运行；检查 SQL 服务器的身份验证模式的类型、sa 账户密码状态和 SQL Server 账户的成员资格，检查 Office 程序的宏设置和 IE 安全区域等级设置等问题。

2. 基准安全分析器的操作模式

基准安全分析器可运行在图形界面（MBSA.exe）和命令行界面（Mbsacli.exe），操作模式分为单台计算机模式和多台计算机模式。

单台计算机模式是最简单模式，即自扫描。用户账户必须是管理员或本地管理员组的一个成员，用户选择输入希望对其进行扫描的计算机名称或者 IP 地址，默认情况下为本地计算机，扫描完成后，将生成一份安全报告，保存在运行基准安全分析器的计算机上。进入多台计算机扫描模式，用户账户必须是域管理员或者每一台计算机的管理员，需要输入希望对其进行扫描的域名或 IP 地址范围，扫描完成后，将生成多份安全报告。

三、实验任务

（1）安装基准安全分析器（MBSA）软件并掌握基本操作。

（2）查看安全报告并分析安全问题。

四、实验环境

（1）软件环境：安装了 Windows 操作系统，浏览器软件。

（2）硬件环境：连接因特网的机房。

五、实验课时和类型

（1）课时：2 课时。

（2）类型：技能训练型。

六、实验内容

1. 安装基准安全分析器（MBSA）软件并熟悉基本操作

步骤 1：下载并安装基准安全分析器（MBSA）软件

（1）访问网站 https://www.microsoft.com/en-us/download/details.aspx?id=19892，在打开的网页中，单击下载 download 按钮，进入版本选择页面。

（2）基准安全分析器软件分为适合 64 位操作系统（X64）和 32 位操作系统（X86）的两种版本，其中又分为德语、日语、英语和法语共 4 种语言。选中正确的版本前的单选按钮，再单击 Next 按钮，可选择直接安装或下载保存后再安装。

（3）按照 MBSA 软件的安装向导提示，可快捷安装完成 MBSA 软件，在"开始"的程序清单中，添加 Microsoft Baseline Security Analyzer 2.1 选项。

步骤 2：扫描单台计算机

（1）选择"开始"→"Microsoft Baseline Security Analyzer 2.1"命令，打开如图 9-1-1 所示的 MBSA 程序的图形主界面。

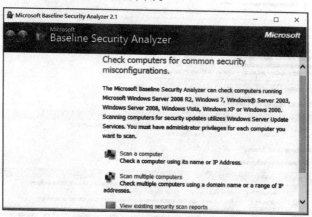

图 9-1-1　MBSA 的图形主界面

（2）在 MBSA 主窗口中，单击 scan a computer 选项，打开如图 9-1-2 所示的输入界面。仅对本机扫描，就不用设置 Computer name 和 IP address，MBSA 会自动获取本机的计算机名称。如果需要扫描网络中其他的计算机，则需要在 IP address 中输入欲扫描的计算机的 IP 地址。

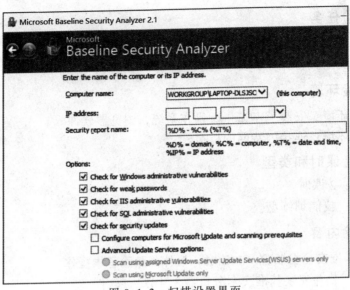

图 9-1-2　扫描设置界面

（3）用户可选择需要的扫描项，其中 Check for Windows vulnerabilities 用于检查 Windows 的系统漏洞，Check for weak password 用于检查弱密码，Check for IIS administrative vulnerabilities 用于检查 IIS 的系统漏洞，Check for SQL administrative vulnerabilities 用于检查 SQL 程序的系统漏洞，Check for security updates 用于检查 Windows 的更新补丁。

（4）设置完成后，单击 Start scan 按钮开始扫描。扫描完毕后，详细的检查结果按类别显示在图 9-1-3 所示的窗口中。对于有问题的部分，MBSA 会用红色的叉标示出来，没问题的部分则会显示为绿色的对钩。

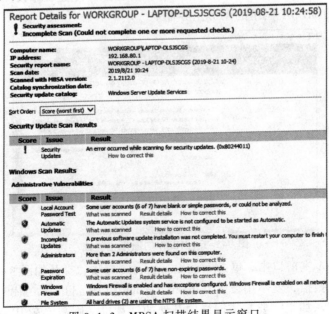

图 9-1-3　MBSA 扫描结果显示窗口

步骤 3：扫描多台计算机

（1）单击 Scan multiple computers 选项（扫描一台以上的计算机），在打开的对话框的 Domain name 文本框中输入要被扫描的域的名称，或在 IP address range 文本框中输入要被扫描的 IP 地址范围（要与本机处于同一子网中），再选择需要的扫描项目。例如，选择 Check for windows vulnerabilities 选项，单击 Start Scan 按钮，开始扫描。

（2）扫描结束后，在打开的无法扫描对话框中，列举未扫描成功的计算机名或 IP 地址。若对话框的底部显示 Continue 选项，说明此次扫描中没有一台计算机扫描成功，单击此项，返回到如图 9-1-1 所示的主窗口。若显示 Pick a security report to view 选项，说明此次扫描中至少有一台计算机成功地完成扫描并生成了安全报告，单击此项将打开对话框，显示扫描成功的计算机的安全报告。

步骤 4：定制 MBSA 的扫描过程和方式

（1）打开 MBSA 安装目录下的一个文本文件（services.txt），该文件包含 MBSA 要扫描的服务，添加（或删除）服务名，保存修改后的文件，让 MBSA 扫描或忽略对该服务的检测。

（2）打开 NoexpireOk.txt 文件，该文件列出了 MBSA 不对其进行密码过期测试的账户名。删除或添加账户名，保存修改后的文件，让 MBSA 扫描或忽略对该账户的检测或不检测。

2. 查看安全报告并分析安全问题

步骤 1：查看安全报告

（1）扫描完成后，MBSA 会将扫描的结果以安全报告的形式保存到 X:\Documents and Settings\username\SecurityScans（X 指 Windows 的系统分区符；username 是操作 MBSA 的用户名）文件夹中。

（2）单击主窗口（图 9-1-1）中的 View existing security scan reports 选项，列出已有的所有安全报告清单，格式为：安全报告名、IP 地址、扫描形式和生成日期。单击安全报告名，便显示如图 9-1-3 所示的详细内容报告。

（3）报告最上部显示被扫描计算机的基本信息。下一行为排序方式选择按钮，扫描结果将按照 Score 列的图标排序，选择 Score(worst first)，按照安全等级最差到最好序列显示，或选择 Score(best first)，按照安全等级从最好到最差序列显示。

（4）Score 列中显示出不同颜色的图标，用来区分被扫描的计算机上不同程度的安全隐患。阅读安全报告，在表 9-1-1 中，统计扫描结果中各类图标的总数目。

表 9-1-1　安全报告中各类项目统计数

图　标	含　义	数　目
	该项目已经通过检测	
	该项目没有通过检测，即存在漏洞或安全隐患	
	该项目虽然通过了检测但可以进行优化	
	该项目虽然没有通过检测，但问题不很严重，只要进行简单的修改	

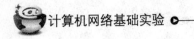

续表

图 标	含 义	数 目
!	由于某种原因 MBSA 跳过了其中的某项检测	
▬	未执行该项检测	

（5）扫描结果分为五部分显示：Security Update Scan Results（系统补丁扫描结果）、Windows Scan Results（包括 Windows 版本、文件系统、本地账户和密码、自动更新信息、防火墙、其他服务与共享文件信息扫描结果）、Internet Information Services (IIS) Scan Results（IIS 服务扫描结果）、SQL Server Scan Results（SQL 服务扫描结果）和 Desktop Application Scan Results（桌面应用检查结果）。

步骤 2：分析安全问题

（1）在每一表项中，单击 What was scanned 选项，可以看到该项存在的问题；单击 Result details 选项则显示详细的扫描结果信息；单击 How to correct this 选项，显示如何纠正相应的错误信息。

（2）对于存在问题的项目，根据 MBSA 的建议纠正错误后，重新运行 MBSA 扫描本机，如果再次检查没有发现错误，就证明系统处于比较安全的状态。了解报告中存在高安全隐患或高安全风险的结果，将相关分析结果记录在表 9-1-2 中。

表 9-1-2　高安全隐患或高安全风险项分析

序　号	所属类别（五大类）	问　题	结　果
1			
2			
3			
4			
5			
6			

七、实验思考题

（1）微软基准安全分析器（MBSA）软件扫描完成自动生成安全报告，MBSA 自动保存安全报告的文件夹是什么？MBSA 提供两种默认的名称格式：%D% – %C% (%T%)和%D% – %IP% (%T%)，请解释格式含义。

（2）MBSA 提供了让用户自主选择扫描项目的功能，简述用户可以自主选择哪些检测项目。

（3）查阅相关资料，简述 MBSA 的基本工作原理。

（4）简述 MBSA 进行的"更新扫描"和"安全扫描"的主要功能。

实验 9.2　PGP 加密工具软件的使用

一、实验目的

了解 PGP 的工作原理，加深理解公开密钥、私有密钥、数字签名和加密算法等概念，掌握 PGP 加密工具软件的使用。

二、知识要点

PGP（Pretty Good Privacy，颇好保密性）是一个基于 RSA 公开密钥加密体系及 AES 等对称加密算法的加密软件，源代码免费。常用的版本是 PGP Desktop（PGP 桌面版），主要功能包括：密钥创建和管理，自动加密、解密、数字签名并校验电子邮件消息，硬盘及文件加密保护、网络共享加密、PGP 自解压文档创建和文件安全擦除等众多功能。

PGP 软件用对称加密算法加密明文（如 AES、IDEA 等），用 RSA 算法对密钥加解密，这样的链式加密既有 RSA 算法的保密性和认证性，又保持了 AES 等对称加密算法速度快的优势。在 PGP 软件实际生成的密钥对中，PGP 使用一个主密钥对（Master Keypair）标识身份，对应的子密钥对（Subkey Pair）用于加解密。PGP 设置通行码（Passphrase），用来增强对私钥的保护。PGP 对信息提供 PGP 专属签名（Digital Signature），让接收者知道这信息确实是由特定用户发出，加上专属签名后，只要更改信息本身或签名，PGP 都能侦测出来。

因赛门铁克（Symantec）公司的收购，从 PGP 版本 10.0.2 以后，不再有 PGP 的独立安装包形式，只以安全插件等形式集成于赛门铁克的安全产品里，不再提供免费的 PGP 版本。

三、实验任务

（1）熟悉 PGP 软件的安装，用 PGP 创建和管理密钥。

（2）了解 PGP 进行邮件的加密/解密、签名/验证的方法。

（3）使用 PGP 对数据进行多重的保护。

四、实验环境

（1）软件环境：Windows 操作系统；PGP 软件（10.0 以上版本），本实验以 SymantecEncryptionDesktopWin64-10.4.2MP3.exe 版本为例进行讲解。

（2）硬件环境：连接因特网的机房。

五、实验课时和类型

（1）课时：2 课时。

（2）类型：技能训练型。

六、实验内容

1. 熟悉 PGP 软件的安装、使用 PGP 创建和管理密钥

步骤 1：安装 PGP 软件

（1）从网上下载免费版本，例如，访问网站 www.pgp.cn，单击"PGP 软件下载"按钮，进入 PGP 官方发行的较新版本下载网盘，下载"试用激活码.txt"和对应系统的 PGP Desktop 程序。根据安装向导的提示步骤推进，安装完成后，向导提示用户重启系统，单击 Yes 按钮。

（2）系统重启后，在开始菜单中增加 Symantec Encryption Desktop 项，单击运行此项，打开如图 9-2-1 所示的主窗口，可以方便地控制和调用 PGP 的全部组件。主窗口左边栏目上显示功能模块信息，包括 PGP Keys、Messaging、Zip、Disk、Viewer 和 NetShare 模块。

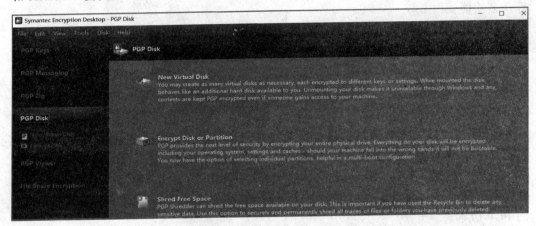

图 9-2-1　PGP Desktop 主界面窗口

（3）若需要在线注册，可选择 Help→license 命令，进入在线注册，按照提示信息完成。本实验采用测试软件，注册时，打开"试用激活码"文本文件，复制激活码到注册码输入框中，即完成注册，返回如图 9-2-1 所示的主界面。

步骤 2：创建密钥对

（1）在 9-2-1 中，选择 Tools→Option 命令，打开 PGP 设置界面。在 General 选项卡界面，选择如图 9-2-2 所示的 2 个选项，使得 PGP 运行时在任务栏中显示图标和保存通行密码（Passphrase）。在 Keys 选项卡界面，选择如图 9-2-3 所示的密钥同步和备份规则设置，其他选择默认设置。

（2）在图 9-2-1 中，选择 File→New PGP Key 命令，启动密钥对生成向导，如图 9-2-4 所示。单击"下一步"按钮，打开用户名和电子邮件设置页（Key Setup），输入用户名和邮箱地址，单击 Advanced（高级）按钮，可以选择 PGP 的 RSA 算法的密钥长度、首选加密算法和 Hash 算法等。单击"下一步"按钮，打开通行密钥设置页（Passphrase Entry），输入保护密钥对的通行密码，若选中 Show Keystrokes，输入框中显示输入字符，否则不显示。

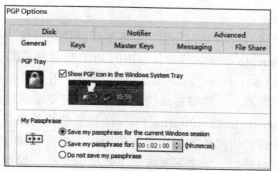

图 9-2-2　General 选项卡

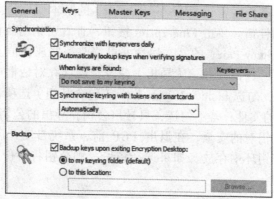

图 9-2-3　Keys 选项卡中配置

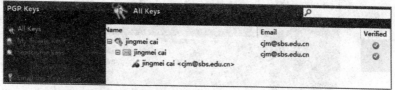

图 9-2-4　密钥对生成向导主界面

（3）单击"下一步"按钮，等待密钥对生成。可跳过发布公钥到 PGP 全球目录服务器的操作，单击"下一步"按钮，完成密钥对的创建。生成的密钥列表如图 9-2-5 所示。

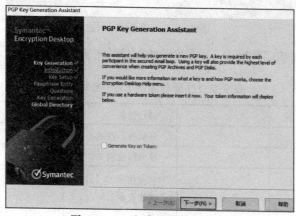

图 9-2-5　生成的密钥对列表

步骤 3：密钥管理

（1）可在密钥生成过程中发布公钥，也可在后续任何时候，右击密钥名，在弹出的快捷菜单中选择 Send to 命令，选择发布用的 PGP 目录服务器。例如，选择默认全球 PGP 目录服务器（Keyserver.pgp.com），上传公钥、用户名和邮箱信息。若上传成功，在邮箱中收到服务器发回的邮箱真伪验证邮件，按要求完成验证。例如，点击验证邮件中的链接 Complete the Verification Process 和其他相关操作。发布成功后，想用公钥给绑定的邮箱发送加密邮件或加密文件的用户，均可登录 PGP 目录服务器，通过邮箱地址搜索绑定的公钥，单击下载按钮下载公钥文件，保存在本地硬盘中。

（2）右击密钥名，选择 Key Properties（密钥属性）命令，打开如图 9-2-6 所示的密钥基本属性页，可查看主密钥（Master Keypair）的基本属性值。单击属性旁的打开按钮，可修改一些属性值。单击 Fingerprint 按钮，查看密钥指纹值；单击 Subkeys 按钮，查看子密钥（Subkey Pair）的基本属性并可修改一些属性值。

（3）右击密钥名，选择 Export（导出）命令，在保存对话框中，输入文件名。在单击"保存"按钮前，勾选 Include Private Keys（包含私钥）选项，则同时导出公钥和私钥到扩展名为 asc 的文件；若不勾选，只导出公钥，导出的公钥文件可发送给他人。

（4）为了保证密钥对的安全，在退出 PGP 前，系统自动开启对话框，询问是否备份新建的密钥到密钥环中存放，如果选择备份，则公钥将备份到 *.pkr 文档，私钥将备份到 *.skr 文档。

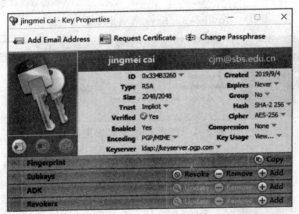

图 9-2-6　密钥的属性

（5）通过查看密钥属性操作，将本实验中创建的密钥的相关属性，记录在表 9-2-1 中。

表 9-2-1　新创建的 PGP 密钥信息

PGP 密钥 基本信息	密钥对名称		通行密码	
	邮箱		公钥服务器域名	
	密钥长度		导出的公钥文件名	
主密钥	Key ID		主密钥指纹（十六 进制数表示）	
	创建日期			
	有效期		非对称加密算法	

续表

	Key ID		子密钥指纹（十六进制数表示）	
子密钥	创建日期			
	有效期		用途	

2．了解 PGP 进行邮件的加密/签名、解密/验证的方法

步骤 1：导入收件箱的公钥文件和启动 PGP Services

（1）发送邮件前，要将接收邮箱的公钥文件导入 PGP 软件。在图 9-2-1 中，选择 File→Import 命令，输入公钥文件名（从公钥服务器下载或对方发送的*.asc），单击"打开"→"Import"按钮，完成导入。

（2）PGP 安装成功后，PGP Services 作为一个服务常驻内存运行，会自动检测大多数的邮件客户端，由用户确定是否加密或签名，自动实现邮件加密、签名和解密/验证功能。

（3）若无兼容 PGP 的邮件客户端软件或邮件服务商的网页界面，可以单击 Windows 窗口右下角的 PGP Services 运行图标，在如图 9-2-7 所示的快捷菜单中，通过 Current Window 或 Clipboard 中的加密、签名和解密/验证功能，对邮件内容进行手动加密、签名操作，完成后即可发送。进行解密/验证操作，就可阅读邮件原文。

步骤 2：对邮件内容进行加密、签名或加密与签名操作

（1）在新建邮件窗口中输入邮件正文，写完后直接用鼠标选中全部的正文，并剪切到 Windows 的剪贴板中。在图 9-2-7 所示的快捷菜单中，选择 Clipboard（剪贴板）命令，选择加密（Encrypt），打开如图 9-2-8 所示的对话框，双击选择加密密钥（收件人公钥），单击 OK 按钮，剪贴板中保存的内容就会被自动加密，但依然保存在剪贴板中。把剪贴板中的内容粘贴回新建邮件窗口中，此时邮件内容已经变成加密过的乱码。

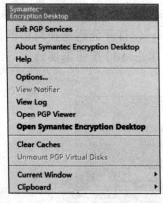

图 9-2-7　PGP Services 界面

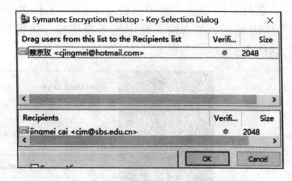

图 9-2-8　选择加密密钥界面

（2）在上一步中，从 Clipboard（剪贴板）子菜单中选择签名（Sign）。在如图 9-2-8 所示的对话框中，双击选择签名密钥（发件人私钥），其他操作相同，便可完成邮件内容的签名。

（3）上一步中，从 Clipboard（剪贴板）子菜单中选择加密和签名（Encrypt& Sign），

便可完成邮件内容的加密和签名。

步骤 3：对加密邮件进行解密/验证

（1）打开接收到的加密邮件，看到的是一片乱码。用鼠标选中全部的正文剪切到 Windows 的剪贴板中，从 Clipboard（剪贴板）子菜单中选择解密和验证（Decrypt&Verify），根据提示输入正确的通行码，过程如图 9-2-9 所示。

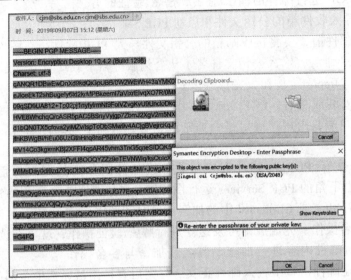

图 9-2-9 邮件解密和验证过程的界面

（2）单击 OK 按钮，可看到自动解密后的邮件内容，将邮件原文复制到剪贴板中，可单独保存解密后的邮件内容。

3. 使用 PGP 对数据进行多重保护

步骤 1：文件加密、加密&签名、签名

（1）右击需要加密的文件，在弹出的快捷菜单中，选择 Symantec Encryption Desktop 命令，在打开的功能列表中选择"Secure 文件名 with key"，打开公钥选择对话框，如图 9-2-10 所示，单击输入框中的下拉按钮，选择公钥。单击 Add 按钮添加选定的公钥到列表框中。

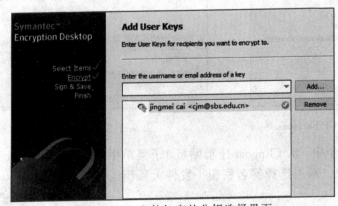

图 9-2-10 文件加密的公钥选择界面

（2）单击图9-3-6所示界面底部的"下一步"按钮，在打开的对话框中，默认为不签名（none）。可选择签名密钥对该文件签名，右击需要签名的文件，在打开的功能列表中选择Sign，选择签名的密钥和签名文件的存放位置，签名文件扩展名为.sig。选择文件的存放位置，单击界面中的"下一步"按钮，加密文件对应的扩展名为.pgp。

（3）创建一个文本文件，以个人姓名命名，例如，张三.txt。分别创建其对应的公钥加密文件（张三.txt.pgp）、公钥加密与签名文件（张三1.txt.pgp）、通行码加密文件（张三2.txt.pgp）和签名文件（张三.txt.sig），将这些文件作为邮件的附件，选择一个同伴，相互发送到邮箱。

步骤2：文件的解密和验证

（1）接收电子邮件并下载附件到本地硬盘，右击需要解密的文件，例如，张三.txt.pgp，在弹出的快捷菜单中选择Symantec Encryption Desktop命令，在打开的功能列表中选择"Decrypt & Verify 张三.txt.pgp"，输入解密后的文件名"张三0"，单击"保存"按钮。

（2）参考上述操作，对其他3个文件进行解密和验证、通行码解密和签名验证。

步骤3：文件或文件夹压缩加密、文件共享加密

（1）在图9-2-1所示界面中选择PGP Zip。单击New PGP Zip，打开PGP Zip创建向导页面，单击空白处弹出添加文件夹对话框并选择文件夹，或通过拖动文件夹或文件到中间的空白位置来添加，或通过专用的打开、添加和删除按钮来添加。再单击"下一步"按钮，选择加密方式，例如Recipient keys（公钥），可选择签名或不选，指定PGP Zip文件的存放位置，单击"下一步"按钮，完成PGP Zip文件创建，文件扩展名为pgp。

（2）要解压PGP Zip文件，可右击该文件，在弹出的快捷菜单中选择Symantec Encryption Desktop→"Decrypt & Verify 文件名"，再根据提示进行操作，即可解压缩。

（3）在图9-2-1所示界面中选择File Share Encryption，单击Add Folders，打开PGP NetShare创建向导页面，添加需要共享的文件夹和描述，单击"下一步"按钮，添加可以共享的用户（参考图9-2-10），再单击"下一步"按钮，选择创建共享文件夹的创建者签名，单击"下一步"按钮，等待PGP共享文件夹创建。再次查看PGP共享文件夹图标时，发现图标上增加了一把锁。

（4）要取消文件夹的网络共享，可右击该文件夹，在弹出的快捷菜单中选择Symantec Encryption Desktop→"Decrypt 共享文件夹名 with Symantec File Share"，再根据提示操作，即取消网络共享。

步骤4：粉碎文件夹或文件、粉碎自由空间

（1）PGP安装完成后，在Windows桌面上自动建立一个回收站PGP Shredder，用来永久地删除那些敏感的文件和文件夹。将要粉碎的文件夹或文件拖到回收站里，在弹出的警示框中，单击Yes按钮确认。也可右击要粉碎的文件夹或文件，在弹出的快捷菜单中选择Symantec Encryption Desktop命令，在打开的功能列表中选择PGP Shred 2 items或PGP Shred 文件名，在弹出的警示框中单击Yes按钮确认即可。

（2）在图9-2-1所示界面中选择Tools→shred free space（粉碎自由空间）命令，

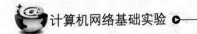

打开 PGP 自由空间粉碎器向导，确认磁盘分区和粉碎次数，单击"下一步"按钮即可自动进行，可用来再次清除已经被删除的文件实际占用的硬盘空间。

七、实验思考题

（1）在 PGP 软件中，可以选用的对称加密的算法有哪些？请列举名称。

（2）在 PGP 软件中采用 RSA 公钥加密算法时，其产生的密钥长度的范围是多少？列出最短的密钥长度和最长的密钥长度。

（3）简述 PGP 公钥发布的途径有哪些。

（4）在 PGP 软件中，可采用的公钥加密算法有哪些？请列举名称。

实验 9.3　Windows 防火墙的配置和应用

一、实验目的

了解网络防火墙的定义、基本作用和分类。熟悉 Windows 防火墙的作用，掌握 Windows 防火墙的配置和应用。

二、知识要点

防火墙是一种网络安全控制设施，可以是一台专用硬件，也可以是架设在硬件设备上的一套软件。它处于被保护网络和其他网络的边界，根据防火墙所配置的访问策略对进出被保护网络的数据流进行过滤或其他操作。防火墙过滤不安全的数据流从而使得内部网络环境变得更安全，以防火墙为中心的安全策略的集中配置使得被保护网络的安全管理更经济，对被保护网络存取访问进行监控、记录和审计，可防止内部敏感信息外泄。依据防火墙应用的关键技术，防火墙可分为 3 类：传统的数据包过滤防火墙、状态过滤防火墙和应用程序网关防火墙。

Windows 防火墙是 Windows 操作系统中系统自带的软件防火墙，操作简单。作为基于主机的状态过滤防火墙，是网络边界防火墙的一个有益的补充。Windows 防火墙作用包括：支持双向保护，对出站、入站通信进行过滤；配置安全规则以阻止或允许流量通过；监视防火墙状态和活动防火墙规则；将 IPSec 功能集成到 Windows 防火墙控制台中，用户可设置连接安全规则请求、要求计算机在通信之前互相进行身份验证、配置通信时的密钥交换和数据保护（完整性和加密）。

Windows 防火墙默认有 3 种配置文件：域配置文件、专用配置文件和公用配置文件，一个配置文件可以解释成为一个特定类型的登录点所配置的安全规则文件。Windows 10 防火墙将创建 4 种不同类型的规则：程序、端口、预定义和自定义 Windows 防火墙规则应用的优先顺序为：①只允许安全连接；②阻止连接；③允许连接；④默认规则（如果没有设置，即默认阻止）。

三、实验任务

（1）熟悉 Windows 防火墙的基本功能和配置方法。

（2）掌握高级安全 Windows 防火墙管理单元的基本应用。

四、实验环境

（1）软件环境：Windows 操作系统，本实验以 Windows 10 版本的防火墙为例进行讲解。

（2）网络环境：连接到因特网的机房。

五、实验课时和类型

（1）课时：2 课时。

（2）类型：技能训练型。

六、实验内容

1．熟悉 Windows 防火墙的基本功能和配置

步骤 1：开启或关闭 Windows 防火墙

（1）选择"开始"→"设置"→"更新和安全"→"Windows 安全"→"防火墙和网络保护"，选择当前活动的网络，如域网络、专用网络或公用网络。在"Windows Defender 防火墙"下，将设置切换为"开"，即开启防火墙；将设置切换为"关"，即关闭防火墙。

（2）或者在控制面板窗口中，单击"系统与安全"→"Windows Defender 防火墙"，打开"Windows Defender 防火墙"设置界面，如图 9-3-1 所示。绿色图标表示开启，红色图标表示关闭。

（3）单击左下角的"网络和共享中心"选项，在打开的对话框中查看当前活动网络的类型。单击左侧的"启用或关闭 windows Defender 防火墙"选项，选择与本机活动网络对应的配置文件。例如，活动网络为专用网络，则在"专用网络设置"下，选中"启用 Windows defender 防火墙"单选按钮，单击"确定"按钮即开启；在图 9-3-1 中显示"启用"字样；选中"关闭 Windows defender 防火墙"单选按钮，即可关闭。

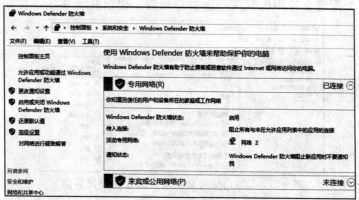

图 9-3-1 "Windows Defender 防火墙"设置界面

步骤 2：允许应用或功能通过 Windows Defender 防火墙

（1）进入 Windows Defender 防火墙设置页面，选择页面左侧的"允许应用或功能通过 Windows Defender 防火墙"选项，打开如图 9-3-2 所示的界面。单击"更改设置"按钮，激活"允许的应用和功能"模块的编辑功能，勾选相应的应用程序名称，即可

允许相应的应用程序通过专用或公用防火墙。

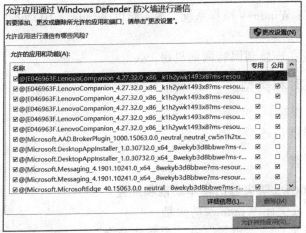

图 9-3-2　允许应用通过 Windows 防火墙的设置页

（2）单击"允许其他应用"按钮，打开添加应用的窗口。在此窗口中，选择需要添加的应用程序名或单击"浏览"按钮查找未列出的应用程序路径，选择允许此应用通过的网络类型（专用网络、公用网络），完成后单击"添加"按钮。在"允许的应用和功能"列表框中将增加新的配置项，单击最下面的"确定"按钮，保存配置。这里的防火墙规则设置简单，只需要设置应用程序通过的网络类型。

2. 掌握高级安全 Windows 防火墙管理单元的基本应用

步骤 1：熟悉 Windows Defender 防火墙属性

（1）在 Windows 防火墙主界面中，单击左侧的"高级设置"选项，打开如图 9-3-3 所示的"高级安全 Windows Defender 防火墙"设置界面，可以对防火墙进行更加细致的设置。单击右侧窗格中的"还原默认策略"选项，防火墙的规则就会恢复到初始的状态。查看 3 个配置文件中的默认安全策略设置，记录在表 9-3-1 中。

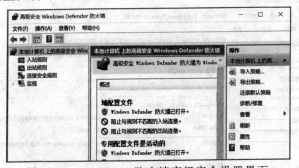

图 9-3-3　Windows 防火墙高级安全设置界面

表 9-3-1　Windows 防火墙配置文件的默认安全策略设置

配置文件名	防火墙（打开/关闭）	入站连接规则	出站连接规则	受保护的网络连接
域配置文件				
专用配置文件				
公用配置文件				

（2）高级安全设置界面的"概述"框中的最后一行，为 Windows 防火墙属性项，单击此项，打开 Windows 防火墙属性界面，可以更改 3 个配置文件的安全策略设置。默认情况下，所有配置文件都配置了限制性策略。即所有与预定义规则或用户自己定义的规则不匹配的入站连接都将被阻止；所有与规则不匹配的出站连接将被允许，并且只有用户特别定义要阻止的连接将被阻止。

步骤 2：配置和管理入站规则

（1）单击"入站规则"可以看到预定义规则列表，如图 9-3-4 所示。入站规则可用来限制网络其他主机访问本机，带绿色勾的表示允许规则已激活（正在使用），无标记（或灰色）的说明是禁用的规则，红色图标（◯）表示阻止规则已激活。

图 9-3-4　系统预定义的入站规则

（2）防火墙入站规则和出站规则均可按照条件筛选显示。例如，单击"入站规则"，单击右边操作栏中的"按组筛选"，在列出的组中选择一个筛选组，如选"文件和打印机共享"，此时显示按"文件和打印机共享"筛选出的入站规则。按照表 9-3-2 中给出的组名，筛选规则并统计，完成后单击界面"操作"框中出现的"清除所有筛选"。

表 9-3-2　按组名给出的功能筛选并统计

筛　选　组	配置文件名	协议	本地端口	远程端口	操作	启用/未启用	规则条数
文件和打印机共享							
播放到"设备"功能							

（3）要了解本机有哪些规则正在使用，可单击"监视"选项，显示活动配置文件中所有激活了的入站和出站规则。想要修改其中一条规则，只需在特定规则上右击，在弹出的快捷菜单中选择"属性"命令，打开属性设置对话框，可以对规则进行更详细的修改。

（4）单击右边操作栏中"新建规则"选项，在新建入站规则向导窗口中，按照提示，可以选择为程序、端口、预定义或自定义项建立规则。例如，选择"预定义"，并选择"文件和打印机共享"，再单击"下一步"按钮。在列表框中选择想启用的规则，例如"文件和打印机共享（回显请求-ICMPv4-In）"（配置文件为专用和公用），按照要求选择操作方式，如"允许连接"，单击"完成"按钮，在入站规则列表中可以看到一条新创建的规则。

（5）参照上一步的方法，创建阻止本子网内某台计算机（例如 IP 地址是 192.168.5.1），通过 TCP 协议的 3306 端口访问本机的规则，记录操作步骤。

步骤 3：配置出站规则

（1）选择左侧的"出站规则"选项，再选择"新建规则"，打开新建出站规则向导窗口，根据需要创建新的规则。例如，需要阻止本机的 QQ 客户端联网，在向导窗口中，选择"程序"单选按钮，再单击"下一步"按钮。

（2）在程序对话框中，单击"浏览"按钮，在"打开"对话框中，找到对应程序的可执行文件，单击"打开"按钮，可以看到程序路径已经被填入框中，单击"下一步"按钮。

（3）在打开的对话框中，选择"阻止连接"单选按钮，单击"下一步"按钮，设置阻止操作的网络范围，依据需要选中"域"、"专用"和"公用"复选框，并在对话框中输入规则的名称和描述，单击"完成"按钮，可以看到 QQ 规则已经在出站规则列表中。

（4）可以双击该名称进行详细设置或改变规则，如果要删除该规则，只要在规则上右击，选择"删除"命令即可。当该规则生效时，用户就无法在本机再次登录 QQ。

七、实验思考题

（1）在 Windows 防火墙的默认安全策略下，若要允许本机用 ping 命令探测其他计算机，则需要修改"文件和打印机共享"组中的哪几条规则？

（2）在 Windows 防火墙高级安全设置中，请问有几种设置方法可允许本机进行 ping 命令操作，简述各种设置步骤。

（3）在 Windows 防火墙默认配置下，自定义一条规则，设置本子网中所有计算机，可通过 8888 端口访问本机，规则名称为"Web 服务器服务号"，简述设置方法。

（4）在互联网中，木马或黑客均可通过特定的端口对计算机系统实施攻击，例如，这些可疑端口有：TCP 端口 135、137、138、139、445、593、1025；UDP 端口 135、137、138、445。还有一些知名端口也往往被攻击，如 3389（Windows 远程客户端）、23（Telnet 服务）、6129（一个远程控制软件）、MySQL 服务端口 3306 等。要通过 Windows 防火墙关闭以上可疑端口通信，如何操作？

实验报告 ‹‹‹

实 验 报 告

实验名称：_____ 成　绩：_____

姓　名：_____ 学　号：_____ 专业班级：_____

邮箱地址：_____

实验日期：_____年__月__日 实验报告日期：_____年__月__日

实验指导老师：_____

一、实验目的

_____

二、实验环境

_____

三、实验知识点

_____

_____

四、实验任务

根据每个实验规定的具体任务，写出完成的过程。如果没有顺利完成，请写明出错原因。

_____

_____

五、实验思考题

1. 感受和建议

实　验　名	实验任务难度（较难、适合、较浅）	实验给定的时间（足够、合适、不够）	实验任务（较大、合适、不足）	总体评价（好、有待改进、无价值）以及其他
实验 1.1　计算机网络的基本应用				
实验 1.2　绘制网络拓扑图				
实验 1.3　学习 Cisco Packet Tracer 的使用				
实验 2.1　直通线的制作、测试				
实验 2.2　交叉线的制作和测试和使用				
实验 3.1　理解网络标准和 OSI 模型				
实验 3.2　学习 Wireshark 软件的使用				
实验 3.3　使用 Wireshark 分析协议报文				
实验 4.1　学习组建小型局域网				
实验 4.2　了解以太网帧格式				
实验 4.3　基于端口的 VLAN 的配置与管理				
实验 4.4　小型无线局域网的配置与管理				
实验 5.1　Windows 系统的本地用户和组管理				
实验 5.2　Linux 的用户和组管理				
实验 5.3　Windows 系统的文件管理				
实验 5.4　Linux 文件系统的管理				
实验 6.1　网卡的认识和应用				
实验 6.2　交换机的基本配置				
实验 6.3　路由器的基本配置				
实验 6.4　路由器动态路由的配置				
实验 7.1　子网划分和 IP 地址规划				
实验 7.2　常用 TCP/IP 网络命令的使用				
实验 7.3　了解地址解析协议（ARP）				
实验 7.4　了解超文本传输协议（HTTP）				

实 验 名	实验任务难度（较难、适合、较浅）	实验给定的时间（足够、合适、不够）	实验任务（较大、合适、不足）	总体评价（好、有待改进、无价值）以及其他
实验 8.1 Internet 的接入和配置				
实验 8.2 DHCP 服务器的配置和管理				
实验 8.3 DNS 服务器的配置和管理				
实验 8.4 Web 服务器的配置和管理				
实验 8.5 FTP 服务器的配置和管理				
实验 9.1 微软基准安全分析器（MBSA）的使用				
实验 9.2 PGP 加密工具软件的使用				
实验 9.3 Windows 防火墙的配置和应用				

2．评分参考

满分为 10 分，其中实验过程占 5 分，实验报告占 5 分。每次实验结束时，指导教师给出实验过程的表现分。如果发现实验报告抄袭，双方的实验报告得分均为 0 分。

实验评分表

实验过程表现得分	（0～5）分	实验报告得分	（0～5）分
能按时认真完成规定的全部实验内容，过程操作良好，结果正确 （4～5）分		按时提交报告，独立完成，实验步骤书写规范清晰，实验过程完整，结果明确，完成思考题 （4～5）分	
能按时完成一半以上的实验内容，态度认真，有实验结果 （3）分		按时提交报告，书写规范。实验步骤书写较清晰，过程较完整，结果较明确，完成思考题 （3）分	
仅按时完成一半以下的实验内容，态度认真，有部分实验结果 （2）分		按时提交报告，能书写实验步骤，完成思考题 （2）分	
完成极少量的实验内容，态度比较认真 （1）分		按时提交报告，能书写实验步骤 （1）分	
无故缺席、复制实验结果或从事与实验无关的事 （0）分		抄袭实验报告或未提交实验报告 （0）分	
合计（0～10）分			

共 享 软 件	下 载 地 址
Microsoft Visio 2013 简体中文版	https://dl.pconline.com.cn/download/360582-1.html
Cisco Packet Tracer V7.1.1 版或以上	https://www.packettracernetwork.com
Wireshark 2.6.7 以上版本	https://www.wireshark.org/#download
WinPcap 软件	http://www.winpcap.org/install/default.htm
Hyper Terminal（超级终端）	http://xiazai.zol.com.cn/detail/44/432815.shtml
思科 Packet Tracer 7.0 以上版本	https://www.netacad.com/zh-hans/courses/packet-tracer
Ubuntu-release（网易开源镜像站）	mirrors.163.com/ubuntu-releases/
微软的基准安全分析器（MBSA）V1.2	http://www.microsoft.com/china/technet/security/default.mspx
PGP 8.1 加密软件	http://www.onlinedown.net/soft/14532.htm
MotionPro 客户端（9.3/9.4 版本通用）	http://client.arraynetworks.com.cn:8080/zh/troubleshooting
ADSL 虚拟拨号软件（星空极速）	http://dl.pconline.com.cn/html_2/1/102/id=11144&pn=0.html
MBSA	https://www.microsoft.com/en-us/download/confirmation.aspx ?id=19892